全国高职高专印刷与包装类专业教学指导委员会规划统编教材

印 前 实 训

Yinqian Shixun

U0325958

主　编：谢中杰　杨　奎

编　著：谢中杰　杨　奎　万正刚
　　　　皮智芬　张晓艳　魏　华

主　审：高　澜　胡维友

印刷工业出版社

内容提要

本书是全国高职高专印刷与包装专业教学指导委员会规划统编教材中的一本，本书以原稿的输入处理、版式设计、胶片输出以及晒制印版的过程作为主线，通过图片和视频的方式结合生产实践中的具体情况，介绍常见原稿的一般复制规律、扫描仪的操作要领、版式设计的注意事项、胶片的正确输出、拼版的技巧，同时在配套光盘中有近150分钟的教学视频，全纪实风格，真实地展现了从原稿到印版的全过程和种种细节，对系统了解印前环节，尽快获得实际工作经验有很好的帮助作用。

本书既适合作为包装印刷类高职院校的学生用教材，也适合从事印前环节的生产一线的技术人员阅读。

图书在版编目（CIP）数据

印前实训/谢中杰,杨奎主编.-北京:印刷工业出版社,2014.8
(全国高职高专印刷与包装类专业教学指导委员会规划统编教材)
ISBN 978-7-5142-0461-2
I.印… II.①谢…②杨… III.印前－印刷－高等学校－教材 IV.TS803.1

中国版本图书馆CIP数据核字(2014)第153859号

印前实训

主　　编：谢中杰　杨　奎

编　　著：谢中杰　杨　奎　万正刚　皮智芬　张晓艳　魏　华

主　　审：高　澜　胡维友

策划编辑：刘淑婧

责任编辑：张宇华　　　　责任校对：岳智勇

责任印制：杨　松　　　　责任设计：张　羽

出版发行：印刷工业出版社（北京市翠微路2号 邮编：100036）

网　　址：www.keyin.cn　pprint.keyin.cn

网　　店：//pprint.taobao.com

经　　销：各地新华书店

印　　刷：北京佳艺恒彩印刷有限公司

开　　本：787mm×1092mm　　　1/16

字　　数：220千字

印　　张：9.125

印　　数：3001～5000

印　　次：2014年8月第1版第2次印刷

定　　价：38.00元

ＩＳＢＮ：978-7-5142-0461-2

◆ 如发现印装质量问题请与我社发行部联系 发行部电话：010-88275602
◆ 我社为使用本教材的专业院校提供免费教学课件，欢迎来电索取。010-88275602

20世纪80年代以来，世界印刷技术飞速发展，中国印刷业无论在技术层面还是产业层面都取得了长足的进步。桌面出版系统、激光照排、CTP技术、数字印刷、数字化工作流程等新技术、新设备在中国印刷业得到了快速普及与应用。

新闻出版总署发布的印刷业"十二五"时期发展规划提出，要在"十二五"期末使我国从印刷大国向印刷强国的转变取得重大进展，成为全球第二印刷大国和世界印刷中心，我国印刷业的总产值达到9800亿元。如此迅猛发展的产业形势对印刷人才的培养和教育工作也提出了更高的要求。

近30年来，我国印刷高等教育与印刷产业一起得到了很大发展，开设印刷专业的职业院校不断增多，培养的印刷专业人才无论在数量上还是质量上都有了很大提高。印刷产业的发展离不开职业教育的支持，教材又是教学工作的重要组成部分，印刷工业出版社自成立以来，一直致力于专业教材的出版，与国内主要印刷专业院校建立了长期友好的合作关系，出版了一系列经典实用的专业教材。

2005～2010年期间，印刷工业出版社作为"全国高职高专印刷与包装类专业教学指导委员会"（以下简称'教指委'）委员单位，根据教育部《全面提高高等职业教育教学质量的若干意见》的指导思想，在教指委的规划指导下，组织国内主要印刷包装高职院校的骨干教师，编写出版了《印刷专业技能基础》《数字印前技术》《印刷色彩管理》《组版技术》《包装材料学》《印刷概论》《印刷原理与工艺》《数字印刷与计算机直接制版技术》《制版工艺》《印刷电工电子学》《印刷色彩学》《胶印机操作与维修》《印刷质量控制与检测》《现代印刷企业管理与法规》《柔性版印刷技术》《印后加工工艺及设备》《印刷专业英语》共计17门高职高专规划统编教材，其中，《包装材料学》《印刷专业技能基础》《数字印前技术》《印刷色彩管理》《组版技术》5本教材被教育部列为"十一五"国家级规划教材；《印刷专业技能基础》在2008年被教育部评选为"十一五"国家级规划教材中的精品教材。这套教材出版后，得到了全国印刷包装高职院校的广泛使用，有多本教材在短时间内多次重印。

随着印刷专业技术的快速发展和高等职业教育改革的不断深化，为了更好地推动印刷与包装类专业教育教学改革与课程建设，紧密配合教育部 "十二五"国家级规划教材的建设，2010年，教指委根据全国印刷包装高职院校的专业建设和教学工作的实际需要，

出版说明

CHUBAN SHUOMING

又规划并评审通过了一批统编教材，进一步补充和完善了已有的教材体系。印刷工业出版社承担了《数字印刷实训教程》《纸包装印后加工技术》《丝网印刷工艺与实训》《数字图像处理与制版技术》《印刷电气控制与维护》《数字化工作流程应用技术》《平版印刷实训教程》《印刷工价计算》等多本规划统编教材的出版工作。同时，还将对已经出版的统编教材进行修订，这些教材将于2011～2012年期间陆续出版。

总的来说，这套教材具有以下显著特点：

● 注重基础，针对性强。本套教材的编写紧紧围绕高职高专教育教学改革的需要，从实际出发，重新构建体系，保证基本理论和内容体系的完整阐述，符合高职高专各专业课程的教学要求。

● 工学结合，实用性强。本套教材依照高等职业教育的定位，突出高职教育重在强化学生实践能力培养的特点，教材内容在必备的专业基础知识理论和体系的基础上，突出职业岗位的技能要求，在不影响体系完整性和不妨碍理解的前提下，尽量减少纯理论的叙述，并采用生产案例加以说明，使高职高专的学生和相关自学者能够更好地学以致用，收到实效。

● 风格清新，体例新颖。本套教材在贯彻知识、能力、技术三位一体教育原则的基础上，力求编写风格和表达形式有所突破，应用了大量的图表、案例等形式，并配备相应的复习思考题，实训教程还配备相应的实训参考题，以降低学习难度，增加学习兴趣，强化学生的素质，提高学生的操作能力。本套教材是国内最新的高职高专印刷包装类专业教材，可解决当前高等职业教育印刷包装专业教材急需更新的迫切需求。

● 编者队伍实力雄厚。本套教材的编者来自全国主要印刷高职院校，均是各院校最有实力的教授、副教授以及从事教学工作多年的骨干教师，对高职教育的特点和要求十分了解，有丰富的教学、实践以及教材编写经验。

● 实现立体化建设。本套教材采用教材+配套PPT课件（供使用教材的院校老师免费使用）。

"全国高职高专印刷与包装类专业教学指导委员会规划统编教材"已经陆续出版并稳步前进，我们真诚地希望全国相关院校的师生及行业专家将本套教材在使用中发现的问题及时反馈给我们，以利于我们改进工作，便于作者再版时对教材进行改进，使教材质量不断提高，真正满足当今职业教育发展的需求。

印刷工业出版社
2011年4月

前言

现代社会是一个信息化的社会，书本是一个传递信息、传播知识的重要媒介，而这个媒介依靠的是印刷。印刷人的职责是将每一份印刷品做得都很精美，让人们在获取信息、学习知识的时候，就像在欣赏艺术品一样。然而，印刷品变成艺术品不是一件简单的事情，各工序之间必须紧密配合才能做到。这些工序大体分为：印前、印刷、印后三大步骤。

印前工序是印刷复制过程中最重要的环节，从原稿输入处理、版式设计到胶片输出再到晒制印版，所有的工作都马虎不得，某一个工作出现了差错，会导致前面工作前功尽弃，后面工作无法进行。

本书的内容选取是根据专业的人才培养目标和学生特点的需要，有针对性地对教学内容进行了整合和梳理，达到高职教育教学的"够用、实用、能用"的原则，充分体现了高职教育的特点。具体内容设置：模块一从图像处理的角度出发，分析了图像的分类及特点、扫描仪的类型及工作原理、图像调整技巧，介绍了人物类原稿、风景类原稿和商品包装类原搞的处理技巧；模块二揭示了版式设计与印刷工艺之间的关系，分析了如何设计出具有新意、个性和特点的印刷精品，介绍了印刷品文字、印刷品色彩在版式设计中的处理方法，书刊封面设计、册页出版物设计时涉及的各种计算公式；模块三重点介绍了激光照排机的操作过程、胶片质量的检查方法；模块四通过实用的案例，介绍了手工拼版和方正文合、Preps 5.2拼版的全过程，还介绍了晒版机的操作过程、印版质量检查的内容。整个教学内容完整详细，为学生全面学习提供了坚实的理论和实践指导。

本书以彩色桌面出版系统的印前复制过程为思路，即以原稿的输入处理、版式设计、版片输出以及晒制印版的过程为主线，通过图片和视频的方式结合生产实践中的具体情况、介绍常见原稿的一般复制规律、扫描仪的操作要领、版式设计的注意事项、胶片的正确输出、拼版的技巧，力求做到理论与实践相结合，真正体现"教中学、做中学"的"一体化"教学。

本书根据作者在教学过程中收集的相关教学资料和工厂实践经验编著，力求通俗和简明，既有实际的操作，又注重相关经验的理论讲解，在配套光盘中有近150分钟的教学视频，全纪实风格，真实地展现了从原稿到印版的全过程和种种细节，对系统了解印前环节、尽快获得实际工作经验有很好的帮助作用。教学案例的源文件都收录在配套光盘中，方便在教学过程中使用。因此，本书既适合作为开设包装印刷类专业的高职院校学生用教材，也适合从事印前环节的生产一线的技术人员阅读。

本书模块一由江西新闻出版职业技术学院皮智芬编写，模块二由江西新闻出版职业技术学院谢中杰编写，模块三、模块四由江西新闻出版职业技术学院万正刚编写，安徽新闻出版职业技术学院张晓艳、东莞职业技术学院魏华参与了部分实训内容的编写，全书由谢中杰和杨奎统稿。全书由江西新闻出版职业技术学院高澜和安徽新闻出版职业技术学院胡维友主审。

本书在编写过程中还参考了大量的印刷前辈和教育同人的专业书籍、专业论文和经验，同时还得到了江西新华印刷厂吁志红、应春艳的大力帮助和支持，在此向他们表示衷心的感谢。同时也希望各位印刷前辈和教育同人能对本书的不足之处提出批评和指正。

编　者

2012年5月于南昌

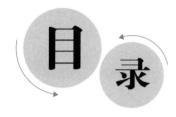

目 录

模块 一

图像输入与调整实训

在整个印前工序过程中，图像输入是第一环节，也是最关键最重要的环节，输入后的图像要求颜色、层次、清晰度都能达到印刷用标准，想依靠好的印刷机、好的印刷工人来弥补扫描出现的问题是行不通的。若原稿质量不佳，可以使用扫描软件进行校正或在Photoshop等图像处理软件中进行调整。

任务一　图像输入技术
任务二　人物类原稿调整
任务三　风景类原稿调整
任务四　商品包装类原稿调整

图像输入技术

实训 指导

扫描仪是印前工序中重要的设备，能实现数字化图像的输入。利用光电转换原理将模拟连续调图像扫描成单独的像素点，将这些单独的像素点拼组起来后，输入到计算机就形成了数字图像。

一、图像的分类及特点

图像原稿一般都是客户提供或者设计人员根据需要制作而成。图像文件的种类较多，处理方法各有不同，处理时不能千篇一律，根据这个原则，把图像文件分为透射稿、反射稿和数码照片。其中反射稿和透射稿的原理示意图如图1-1所示。

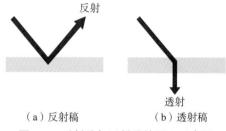

（a）反射稿　　（b）透射稿

图1-1　反射稿与透射稿的原理示意图

1. 反射稿

反射稿就是光线不能穿透的原稿，常见的反射稿有下列几种。

（1）彩色照片

彩色照片所反映出的色彩和层次与所拍摄的真实景物非常相近，因此具有色彩鲜艳、层次丰富的特点，是一种非常典型的反射稿。

若冲洗不当，会出现色彩偏色、饱和度下降等问题，如图1-2所示。

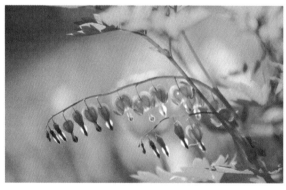

图1-2　冲洗不当的彩色照片

（2）黑白照片

在使用黑白照片时，黑白照片应该做到层次丰富，黑白灰反差强烈，如图1-3所示。

图1-3 反差合适的黑白照片

（3）印刷品

印刷品原稿本身已经具有了网点，在使用时不宜放得过大，否则网点颗粒会很明显，如图1-4所示，应作缩小处理。

图1-4 印刷品

（4）绘画艺术品

各种绘画作品的总称。根据所使用的技法、材料、工具和载体的不同，分为国画、油画、水彩画、水粉画、素描、版画、装饰画等类型。

由于各种绘画作品的写意手法不同，对图像的处理方法也有所不同，如图1-5和图1-6所示。

2. 透射稿

透射稿主要为彩色反转片。透射稿大多都是拍摄而成，这种原稿具有色彩鲜艳、阶调丰富、便于扫描等特点。透射稿的类型有135型、120型，如图1-7和图1-8所示，目前常用的是120型。这种原稿因为只有一张，比较珍贵，因此要注意保存。

3. 数码照片

数码相机的普及化，使其在各个印刷厂使用得越来越多，拍摄出来的照片不用扫描，只要将图像的RGB模式转换成CMYK模式，就能直接编辑。在拍摄时，还可以预览到拍摄效果，很大程度上改善了原稿质量。数字照片是利用数码相机拍摄，将原景物中连续变化的明暗层次的图像，以离散化的数字信号形式记录在磁盘上获得的。数字照片的图像质量在很大程度上取决于数码相机的性能，只要数码相机CCD的分辨率和镜头的分辨率高，拍摄时所设定的参数正确，数字照片的质量就能得到保证。

图1-5　国画

图1-6　油画

图1-7　135型正片

图1-8　120型正片

二、扫描仪的类型及工作原理

扫描仪按照结构可分为平面扫描仪和滚筒扫描仪两种类型，如图1-9和图1-10所示。

图1-9　平面扫描仪

图1-10　滚筒扫描仪

1. 平面扫描仪

将扫描原稿放在平面扫描仪的水平玻璃上，工作时，光源发出白光照射到原稿上，被原稿反射或透射出来的白光就带有了彩色信息，经过一系列的反射镜反射后，进入CCD（电荷耦合器）部件，CCD部件会将每个采样点的光信号转换成电信号，通过模拟/数字（A/D）转换器转换成数字信号，这样就完成了图像的数字化处理。最后由扫描仪软件读取这些数据，并将它们组合成数字图像文件，如图1-11所示。

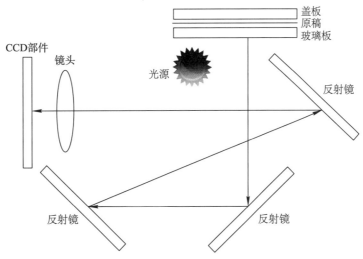

图1-11　平面扫描仪工作原理

2. 滚筒扫描仪

将扫描原稿贴附在滚筒上，滚筒高速旋转，扫描头沿着滚筒轴线方向移动发射出扫描光源，因此形成螺旋线扫描轨迹。扫描光源的光斑逐点照射原稿，从原稿上反射或透射出来的图像光线被反射镜反射后，被PMT（光电倍增管）采集，经各自的模拟/数字（A/D）转换器得到图像的红/绿/蓝数字信号，经过图像处理，通过数据接口传送到计算机存储器，如图1-12所示。

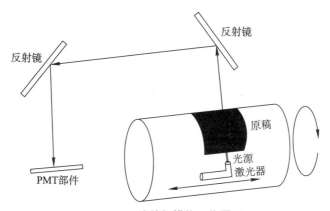

图1-12　滚筒扫描仪工作原理

三、扫描仪的主要技术指标

（1）光学分辨率

光学分辨率是指在单位尺寸内，扫描仪能够采集图像的像素数，决定了扫描图像的精度。以 dpi（每英寸点数）或 ppi（每英寸像素数）表示。

光学分辨率是与生俱来的，是评判扫描仪质量好坏的重要指标。光学分辨率越大所能采集的图像信息量越大，扫描输出的图像中包含的细节也越多。

（2）扫描分辨率

扫描分辨率是扫描仪实际扫描时通过人工设置采用的分辨率。扫描分辨率的设置不能超过光学分辨率，若是超过了光学分辨率，所得到的结果也是通过插值计算得到的，对图像质量的提高没有任何帮助。在设置扫描分辨率的时候，要遵循如下公式：

扫描分辨率 = 放大倍数 × 加网线数 × 质量因子（1.5~2）

由上式可以看出，当印刷加网线数一定时，扫描仪的扫描分辨率就限制了图像的放大倍率。当图像最大放大倍率受扫描仪分辨率限制时，就只能降低放大倍率或印刷加网线数，三者相互制约。

（3）动态范围

动态范围是指扫描仪所能识别的色调值宽度的范围，即所能记录到的最淡颜色和最深颜色之间的差，它描述了扫描仪再现色调细微变化的能力。其单位以 D 表示，通常范围越宽越好。采用如下公式表示：

$$K = D_H - D_L \qquad\qquad (1-1)$$

式中 D_H ——最高密度；

D_L ——最低密度。

若 K 值越大，则说明扫描后的图像的亮调区域和暗调区域的细节层次识别得越多，图像越细腻，图像质量越好。反之，则说明扫描后的图像的亮调区域和暗调区域的细节层次丢失，图像缺乏明显的细微层次变化，画面平淡，图像质量比较差。

可使用含有连续灰阶（由白色到黑色至少 20 阶）的标准测试图片，如 IT8。使用密度计测量标准图片上各灰阶的密度值，将被测扫描仪选项设定在光学分辨率上，以灰度模式扫描标准测试图片上的灰阶图形，检查扫描结果，其最高可分辨的灰阶密度值即为被测扫描仪的实际动态范围。

（4）色彩深度（色彩位数）

色彩深度指扫描仪在其捕获的每个像素点上可以检测出的最大颜色范围，用每个像素点上颜色的数据位（bit）表示。目前有 18 位、24 位、30 位、36 位、42 位和 48 位等规格。通常扫描仪的色彩深度越多，就越能真实反映原始图像的色彩，扫描出的图像效果也就越真实。现在的计算机都是采用 8 位的色彩位数，所以色彩深度也是按照计算机的位数来计算色彩数量的，灰色系列的色彩数量是 2^8 种，彩色系列的色彩数量是 2^{24} 种。

（5）缩放倍率

缩放倍率是扫描仪对原稿缩小或放大的倍率。在扫描软件中，缩放倍率与扫描分辨率成反比，图像的缩放倍率越大，光学分辨率越低，当使用最大分辨率时，放大率只能小于 1。

（6）色调灵敏度

色调灵敏度是指扫描仪能够准确表达相似、邻近的色调，区分邻近、相似的色调的能力。可以采用扫描渐变色块，检查色调灵敏度。

四、图像调整技巧

1. 原稿分析

原稿是印刷复制的根本和色彩判断标准，原稿的质量好坏直接关系到印刷品的质量。现在大多数的原稿都是摄影原稿，有些原稿包含了摄影师的创作意图，只有对原稿有准确的了解，抓住重点，才能有目的地进行调节。分析原稿一般都是分析原稿的层次、颜色、清晰度。

（1）层次分析

看图像层次是否合适，通常采用Photoshop中的直方图。正常原稿的层次：整个画面不偏亮也不偏暗，高、中、暗调均有，层次变化丰富，密度级数多。不会出现"亮"、"暗"、"闷"、"崭"、"焦"的问题，如图1-13~图1-17所示。

图1-13　亮

① 亮：黑场不够黑。

② 暗：白场不够白。

③ 闷：反差不足，常常是黑场和白场不足。

④ 崭：亮调失去层次感，一片白。

⑤ 焦：暗调失去层次感，糊版。

图1-14　暗

图1-15　闷

图1-16　崭

图1-17　焦

（2）颜色分析

首先要分析清楚原稿的主色调，一般主色调分为冷色调（青色、蓝色、紫色）、暖色调（红色、橙色、黄色）、中性色调（绿色）。如大海是冷色调，火焰是暖色调，草地是中性色调。主色调是画面中所有色彩的关键，分析清楚了原稿的主色调，才有利于原稿的准确再现。

图1-18　整体偏色

其次是偏色问题，通常有整体偏色、亮调偏色、暗调偏色等，如图1-18~图1-20所示。

图1-19　亮调偏色

图1-20　暗调偏色

（3）清晰度分析

清晰度不能狭义地理解成轮廓，画面主体轮廓比较清楚，就认为清晰度高是片面的想法。清晰度高除了轮廓要清楚外，还要求细微部位的细小细节都要呈现，如图1-21所示。

图1-21　当图像放大到100%显示时，细微部位的细小细节没有呈现

2. **图像调整的内容**

图像调整一般从图像的层次、颜色、清晰度三方面进行调节。图像如果这三方面都比较好的话，从复制的角度来说就是符合印刷要求的图像。层次调节就是处理好图像的高光、中间调、暗调，使图像层次分明，各层次都保持完好。调节图像颜色就是要把图像的主色调确定好，并把图像中的偏色都纠正过来，使颜色符合原稿或视觉要求。图像清晰度要把细节表现出来，使图像更加细腻。

由于每个人的审美习惯不一样，在对图像的这三方面处理时可能把握的尺度不一，但总的来说应该遵循忠实于原稿、忠实于视觉要求的原则。

（1）图像层次的调整

图像层次的调整应该在图像进行黑白场定标完成之后再进行。在对图像进行层次调整时应以灰平衡为基准，才能纠正原稿的色偏，而且要合理分配三大段层次，因为三大段的层次是相互牵制的，如果突出某一段层次，那么其余部分层次必受影响。在调整时极高光的绝网面积必须控制在小范围内，否则会因高调部分层次过多的丢失而导致印刷品上出现大面积的空白。

如图1-22所示，图像整体偏亮，在调整时将白场密度点定低一些，降低图像的亮度。调整之后图像亮度整体降低，色彩感觉更鲜艳，如图1-23所示。

图1-22　调整前图像整体偏亮　　　　　图1-23　调整后色彩感觉更鲜艳

如图1-24所示，这类原稿画面以暗调层次为主，高光部分很好，调整时白场、黑场密度点应选择高一些，选择一条较薄的层次曲线，提高图像的亮度，增加对比度，如图1-25所示。

图1-24　调整前暗调缺乏层次　　　　　图1-25　调整后暗调层次比较明显

（2）图像颜色的调整

对图像颜色的调整应在层次调整之后再进行，并且必须在保证灰平衡的基础上进行。在对颜色进行调整时，应选择饱和度高的颜色作为调整参考点，因为饱和度高的颜色色彩构成相对简单，调整时更容易判断调整结果。对颜色调整的准确程度不应以显示屏为准，而应以颜色的网点配比为准。对图像颜色调整的原则为增加基本色，降低相反色。

如图1-26所示，这张照片人物肤色偏暗又偏黄，经过Photoshop处理之后，肤色恢复了正常，脸部肤色变得更加通透，如图1-27所示。

 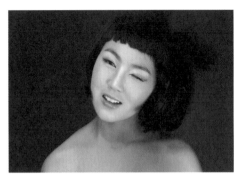

图1-26　调整前肤色比较暗浑　　　　　　图1-27　调整后肤色更加自然

（3）图像清晰度的调整

清晰度是衡量原稿复制质量的一项重要参数，主要指的是能分辨图像细微层次的精细程度，图像边缘轮廓是否清晰等。对图像清晰度的调整通常都是在Photoshop中使用USM锐化进行处理。在对图像进行清晰度调整的时候要注意，清晰度的调节都是以损失图像细节为代价的，在调整时量不可过大，否则会使图像失真。

如图1-28所示，猫咪整体轮廓还是比较清晰的，但是细微的毛发和胡须呈现得不是特别清晰，经过对图像清晰度的调整之后，猫咪的毛发和胡须的立体感更强了，如图1-29所示。

图1-28　调整前细节不明显　　　　　　图1-29　调整后细节凸现

实 训 项 目

项目1　平面扫描仪的安装

本次任务主要是掌握扫描仪的安装。拆开扫描仪的包装，标准配置有Microtek File Scan300扫描仪、USB连接线、电源变压器、用户手册、驱动安装光盘，如图1-30所示。要把扫描仪与电脑连接，并安装好扫描软件，平面扫描仪的安装操作流程如图1-31所示。

图1-30　扫描仪的标准配置

图1-31　操作流程

一、实训目的

掌握平面扫描仪的安装过程。

二、实训内容

1. 开启自动保护锁。

2. 将扫描仪连接到计算机。

3. 安装扫描软件。

三、实训过程

实例文件	DVD\实例效果文件\模块一\任务一\项目1\Microtek ScanWizard5		
视频教程	DVD\视频\模块一\任务一\项目1\平面扫描仪的安装		
视频长度	2分55秒	完成难度	★★

1. 打开扫描仪自动保护锁

Microtek FileScan300扫描仪设计有一保护锁，如图1-32所示，用于搬运过程中保护光学组件。此保护锁开关位于扫描仪机体的正下方，当扫描仪处于搬运过程中时，应保证保护锁旋转至 🔒 按钮，以确保扫描仪光学组件不因搬动而受损。

图1-32　扫描仪自动保护锁

2. 将扫描仪连接计算机（图1-33）

① 将电源变压器插入扫描仪的电源插槽。

② 将电源变压器另外一头插入接地的交流电源插座上。

③ 将USB连接线的方形接头插入扫描仪后方的USB端口。

④ 将USB连接线的另一端的长方形接头插入计算机的USB端口。

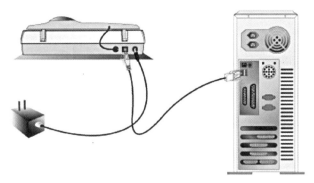

图1-33　扫描仪连接计算机

3. 安装扫描软件

将扫描仪驱动安装光盘放入计算机的光驱内，运行光盘安装项，如图1-34所示。勾选"Microtek ScanWizard 5"选项，然后再按"下一步"，在随之出现的画面上按"下一步"。遵循屏幕上的指示，软件安装完成后，关掉所有开启的程序，重新启动计算机。

图1-34　安装扫描软件

案 例 练 习

☆ 能开启平面扫描仪保护锁，正确地将扫描仪连接到计算机，并安装好扫描软件。

项目2　扫描仪的操作

本次任务主要是掌握扫描仪的操作。这里以平面扫描仪的操作为例。平面扫描仪的品牌众多，本次采用Microtek FileScan300为例进行介绍，扫描仪的操作流程如图1-35所示。

图1-35　操作流程

一、实训目的

掌握扫描仪的使用技巧。

二、实训内容

1. 设置图像模式参数。

2. 计算尺寸和扫描倍率参数。

3. 设置图像调整参数。

三、实训过程

实例文件	无		
视频教程	DVD\视频\模块一\任务一\项目2\平面扫描仪的操作		
视频长度	9分18秒	制作难度	★★★★

1. 启动扫描软件

首先双击显示屏上扫描软件图标 启动扫描仪，进入扫描仪工作界面，如图1-36所示。

首次启动Microtek FileScan300出现的操作面板为简洁模式，单机面板中的 按钮（转换到高级模式），如图1-37所示。

该界面包括：参数设置框、预览窗口、扫描任务队列、信息四部分。其中参数设置框为扫描重点部分；预览窗口主要用来观察图像位置，设置扫描范围；扫描任务队列则是用于增减新的扫描任务，可方便进行批处理操作。

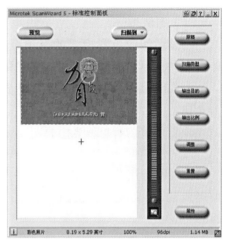

图1-36　扫描仪工作界面（简洁模式）

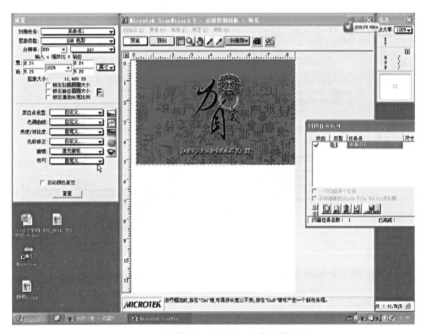

图1-37　扫描仪工作界面（高级模式）

2. 放置原稿

一般左右居中，前后靠起始端。

3. 预扫

扫描操作的第一个步骤就是进行预扫。预扫的目的主要有两个：一是确定扫描区域的范围；二是对图像的基本层次、颜色有一个大致了解。预扫一般是低分辨率扫描，如Microtek FileScan 300控制的预扫分辨率是72dpi，这样扫描速度快，可以节约时间。

4. 参数设置

参数设置中共有以下选项需要做详细设置：图像类型、分辨率、缩放倍率、黑白点、色调、亮度/对比度、色彩修正、滤镜、去网等参数的设置，如图1-38所示。

（1）图像类型

扫描图像的色彩模式的选项有RGB色彩、CMYK、256灰阶、艺术线条、灰阶等，如图1-39所示。应根据原稿的类型和扫描需求选择相应的色彩模式。

① 如果原稿为彩色，且最终要求扫描后的图像也为彩色，则选择的色彩模式为RGB。

② 若原稿为彩色或黑白有明暗层次，最终要求为连续黑白颜色，可选择灰阶。

（2）分辨率

扫描时选用的分辨率高低，将直接影响到扫描图像的质量，如图1-40所示。例如加网线数为150lpi、质量因子为2.0、放大倍数8倍，则扫描分辨率为：$150 \times 2.0 \times 8 = 2400$dpi。

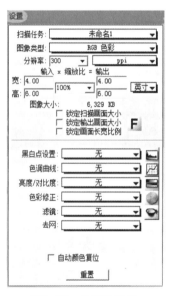

图1-38　参数设置框

图1-39　图像类型选项

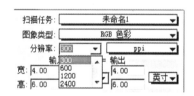

图1-40　分辨率设置选项

（3）缩放倍率

图像大小的确定主要根据最终图像大小来定，它可以用尺寸来表达，也可以用倍数来表达，如图1-41所示。审稿时要核对原稿的缩放倍率。如果横纵向比例不等，则应该在不影响原稿主体的前提下进行画面的取舍。例如，原稿尺寸为8cm×16cm，要求复制尺寸为24cm×30cm，通过计算知道，纵向缩放倍率为3，横向缩放倍率为1.875，两者比例不等，这应以原稿的纵向缩放倍率为准。

（4）图像调整

图像调整参数设置包括黑白点、色调、亮度/对比度、色彩修正、滤镜、去网等参数的设置，如图1-42所示。

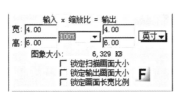

图1-41　缩放倍率设置选项　　　　图1-42　图像调整参数选项

① 黑白点的调节。

原稿黑白场的调节相当重要，它不仅对画面的两端起到了控制作用，而且关系到中间调的反差。根据不同类型的原稿，扫描时应采用不同的参数进行扫描，如图1-43所示。

对黑场进行调节时，把黑色处滑块往右移动，图像将变暗，影响最大的是暗调和中间调，如图1-44所示。

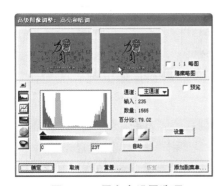

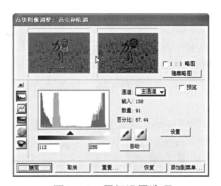

图1-43　黑白点设置选项　　　　图1-44　黑场设置选项

对白场进行调节时，把白色滑块往左移动，图像将变亮，影响最大的是高调和中间调，如图1-45所示。

直方图展现的是原稿的R、G、B各色的层次分布，如图1-46所示，灰度值为235（数值范围：0~255）的像素数为1565个，占总像素数的79.02%。

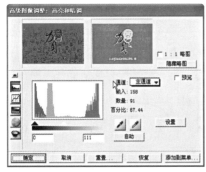

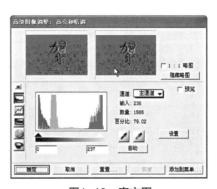

图1-45　白场设置选项　　　　图1-46　直方图

　　直方图还可查看单色通道的统计结果，如图1-47所示，从图中可以看出图像的单色层次分布，原稿暗调中蓝色像素数值较多，而亮调部分红色像素值较多。

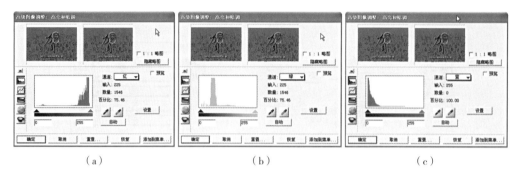

（a）　　　　　　　　　　　（b）　　　　　　　　　　　（c）

图1-47　单色通道的统计

　　② 色调曲线的调节。

　　如图1-48所示，色调曲线对话框中给出的是默认的层次曲线。其中，水平轴代表的是调整之前图像的阶调值，垂直轴代表的是调整后图像的阶调值。对话框刚打开时显示的是主通道的层次曲线，单击"主通道"按钮也可单独调整颜色通道的曲线。

　　常用的色调曲线有4条，如图1-49所示。

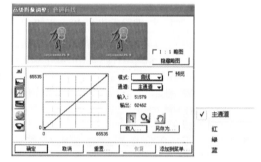

图1-48　色调曲线选项

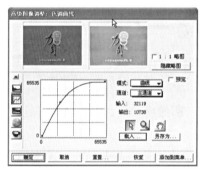

（a）上凸形S曲线

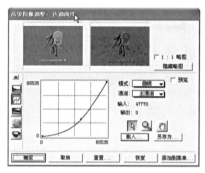

（b）下凹形S曲线

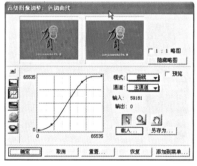

（c）S形曲线

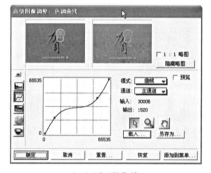

（d）反S形曲线

图1-49　常用的四条色调曲线

③ 亮度和对比度调节。

如图1-50所示，对原稿的亮度及反差进行调节。如原稿正常，可以不作改动，否则可作相应变化。若原稿图像整体偏亮，可以降低亮度，太暗则增加亮度。原稿图像反差小，则可提高对比度，以拉开扫描图像的反差。

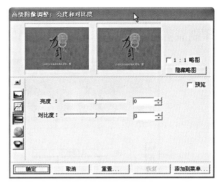

图1-50　亮度和对比度调节选项

扫描正常的原稿，确定图像清晰、图像阶调层次完全即可，此时基本上不需要在设置对话框中对亮调和暗调进行调整。但是若遇到偏暗且暗调层次较丰富的原稿，可把亮度调高些或暗调调亮些，确保暗调层次不并级和压缩。对亮调层次丰富的原稿，可考虑适当降低亮度，确保亮调层次不丢失。

④ 色彩修正。

通常颜色校正都是放在扫描后对图像进行处理，而一些高端品牌扫描仪在扫描过程中就具有颜色校正的功能。因此，在扫描之前，可利用扫描软件校正原稿图像颜色。当色环上的小圆圈居中时，没有颜色校正。如果小圆圈朝某一方向移动，图像就会向另一个方向偏移，这样就可用来纠正原稿色彩的色偏。调节时如原稿偏某色，应把小圆圈朝它的补色方向移动，即朝以中心为圆点对称的方向移动。如原稿偏绿色，应朝品红色区域移动；如原稿偏蓝色，应朝黄色区域移动，这样即可完成调节，如图1-51所示。

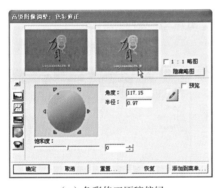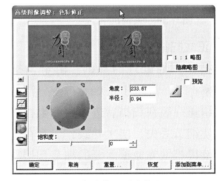

（a）色彩修正原稿偏绿　　　　　　　（b）色彩修正原稿偏蓝

图1-51　色彩修正调节

⑤ 滤波处理。

滤波处理有很多选择，除虚光蒙版（USM）这一项较为常用外，其他选项一般不用。USM指对图像进行细微层次调节，使图像的细节更清楚，如图1-52所示。

在进行USM调节时，有数量、半径、阈值3个控制量，通过调节3个参数的大小来获得图像的清晰明显效果，如图1-53所示。

⑥ 去网。

对于印刷品原稿，如果未选择去网选项而直接进行扫描，由于光学干涉，扫描后会产生很粗的网纹，使图像不细腻。去网选项包括无、报纸（85lpi）、杂志（150lpi）、精美杂志（175lpi）4种选择，如图1-54所示，所以应在扫描前对印刷原稿进行去网处理。印刷原稿去网前后比较效果如图1-55所示。

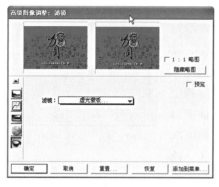

图1-52　滤波处理选项　　　　　　　图1-53　USM处理

（a）未去网扫描图像　　　（b）去网扫描图像

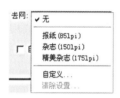

图1-54　去网选项　　　　　　　　图1-55　去网前后比较

5. 正式扫描

扫描是图像处理的基础，由于预扫后图像分辨率不高，屏幕上很难看得十分清楚，建议颜色纠正一般在扫描后进行。如果在扫描图像时致使细节丢失、层次并级，那么在图像调节时，就很难恢复原稿需要的细节和层次。所以，一般的准则是把图像的各阶调层次完整地输入到计算机中。另外，在图像的清晰度方面，应使扫描清晰度处于最佳状态。然后选准位置，即可正式扫描。

图1-56　扫描对话框

（1）扫描对话框

执行扫描前，必须在扫描对话框中输入扫描文件名、指定文件格式、指定存储的目标文件夹，如图1-56所示。

（2）文件格式

由于是在图像处理软件中观看扫描得到的图像，因此指定的文件格式应该与图像处理软件支持的格式相一致。

案 例 练 习

☆ 使用平面扫描仪扫描偏色原稿、印刷品原稿，并能通过扫描软件纠正偏色和实现去网。

任务二
人物类原稿调整

实 训 指 导

以人物面部肤色为主体的原稿一直是图像调整中最难处理的，调整要考虑很多的因素，这些因素又直接影响着原稿质量。不仅要了解摄影技术中拍摄用光产生的效果，还要了解面部肤色有明显的特征（年龄、面部各部位）、鲜明的色彩、丰富的层次和细腻的质感。人物肤色稍微出现一些问题，都会产生明显的效果，引发视觉不愉快的感觉。例如，原稿色调比较灰暗，不够丰富，如图1-57所示。

（a）

（b）

（c）

图1-57　原稿色调比较灰暗，不够丰富

一、人物类原稿的特点

人物类原稿是复制图像中最难的，主要是由于人物的肤色属于记忆色，人眼对这些颜色比较敏感，稍有偏色就会感觉到。因此在复制时要掌握好各部位光照的特点，既要复制出各部位的层次，又要使肤色细腻而不能过分强调。

二、人物类原稿复制的一般规律

1. 掌握好肤色的基本色调

要调整人物的肤色，应先根据性别、年龄特征掌握肤色的基本色调，真实的基本色调才符合印象色的要求，真实地再现各种人物的特征。婴儿皮肤娇嫩，调整时应以白嫩红润为基调，如图1-58所示。少女的肤色细嫩柔和，调整时则应以白皙红润的肉色为基调，如图1-59所示。而老年人肤色黝黑，为了使色调浓重，应以古铜色为基调，如图1-60所示。

图1-58 婴儿皮肤　　　　　　　图1-59 少女皮肤　　　　　　　图1-60 老年人皮肤

2. 还原摄影技术中的拍摄用光

人物摄影时，都十分讲究摄影用光，可分为顺光照、逆光照和侧逆光照三类，这三类用光把面部分成了三大面，即受光面（亮调面）、中间调面和暗调面。这三类人物原稿复制的规律如下。

（1）顺光照人物原稿

顺光照即主光从照相机方向投向被摄者，所拍摄得到人物原稿整体受光较为均匀，影调较明显，没有明显的阴影和投影。在顺光条件下，人物面部的立体感主要由面部自身的起伏转折表现出来，凸起部位较亮，侧后部位稍暗。

在修复顺光照人物原稿时，白场定标应选在人物面部最明亮的浅肤色部位，Y版网点小于M版2%~3%，青版为最细的网点，可设置为零。

如图1-61所示，这张原稿是顺光照拍摄的，但是由于曝光过度，整个人物脸部白色区域过大，丢失了高光部分的细节层次。经过在Photoshop的处理之后，人物脸部层次恢复，肤色也显得更加自然，如图1-62所示。

图1-61 处理前缺乏高光层次　　　　　　　图1-62 处理后肤色自然、细腻

（2）逆光照人物原稿

逆光照指拍摄人物的背后有光源或背景比较明亮时所得到的拍摄原稿。在逆光的时候，与背景的亮度相比，被拍摄的人物就会显得比较暗，容易形成阴影，背光太强还会造成主体程度较强烈的曝光不足。在修复逆光人物原稿时，应提高暗调和中间调的阶调曲线，加强暗调及中间调层次。

如图1-63所示，这张原稿是逆光拍摄的，人物显得比较暗，层次感不强。经过在Photoshop的处理之后，人物黯淡的感觉消失了，也显得更有层次，如图1-64所示。

图1-63　调整前脸部肤色较暗

图1-64　调整后脸部肤色阴影消失

（3）侧逆光人物原稿

照明光线来自照相机的斜前方，与镜头光轴构成120°~150°夹角，这种光称为侧逆光。拍摄人物时，采用侧逆光照明，被拍摄的人物面部和身体的受光面只占小部分，阴影面占大部分，所以影调显得比较沉重。在拍摄时，要根据侧逆光的用途，避免人物脸部大面积过暗。

在修复侧逆光人物原稿时，由于原稿面部的大部分区域都处于中间调范围，在调整时应将Y、M两色版的网点控制在50%以下。

如图1-65所示，这张原稿是侧逆光拍摄的，但是人物脸部大面积较暗。经过在Photoshop的处理之后，人物脸部由于侧逆光而造成的面部阴暗消失了，如图1-66所示。

图1-65　调整前缺乏光照效果

图1-66　调整后呈现正确的光照效果

3. 掌握人物面部各部位的色彩规律

人物面部肤色不是简单的不同深浅的肉色变化，而是统一中又有色彩的变化，特别要掌握面部色彩的变化。

（1）鼻梁和鼻尖

鼻梁和鼻尖是面部颜色最浅的部位，是面部的精神所在。在这个部位黄版比品红版的网点小2%左右，才能使高光亮出来。如果原稿是暖色调，则黄色和品红网点可以稍大些，青色网点小一些；如果原稿是冷色调，则青色网点大一些，黄色和品红网点就相对小一些。

如图1-67所示，人物鼻梁和鼻尖部分虽然很明亮，但是缺乏层次。经过在Photoshop的处理之后，鼻梁和鼻尖部分明亮感觉保留了，层次也丰富了，如图1-68所示。

图1-67　调整前高光过于强烈　　　　　图1-68　调整后鼻子细节更加丰富

（2）前额

前额面积较大，是面部最突出的部位。这个部位肌肉少，受光照强，比较明亮。由于肌肉较少，该部位的肤色一般呈淡黄肉色，所以该部位的黄色网点要比品红网点大5%~10%。

如图1-69所示，人物前额比较暗淡，不符合正常的前额的要求。经过在Photoshop的处理之后，前额比较明亮了，也符合光照效果，如图1-70所示。

图1-69　调整前前额比较暗淡　　　　　图1-70　调整后前额比较明亮

（3）面颊

面颊是面部最大的一个部位，肌肉丰满，色彩饱满红润。这个部位颜色变化最大，不同性别、不同类型的人差别也很大。一般品红网点比黄色网点大5%~10%。当然，还应该根据不同人物特性来决定。

如图1-71所示，婴儿皮肤明显偏黄，白嫩红润感没有体现。经过在Photoshop的处理之后，婴儿皮肤显得更加真实，如图1-72所示。

如图1-73所示，人物肤色偏青，比较暗淡，不符合年龄特征。经过在Photoshop的处理之后，肤色细嫩柔和，白皙红润，如图1-74所示。

如图1-75所示，虽然原稿是老年人，但是肤色也不应该是土黄色，而应该是茶色基调或古铜色。经过在Photoshop的处理之后，红色明显增加，肤色色调浓重，符合茶色基调或古铜色，如图1-76所示。

图1-71　调整前肤色缺乏红润感

图1-72　调整后肤色白嫩红润

图1-73　调整前肤色略微偏色

图1-74　调整后肤色细腻柔和

图1-75　调整前肤色偏黄

图1-76　调整后肤色符合老年人肤色要求

（4）嘴唇

嘴唇是面部肌肉最厚也是最红润的部位，是品红版最深的地方。因此在处理嘴唇时，既要红润厚实，又要色彩变化丰富，还要保持立体感。虽然嘴唇是品红版最深的地方，但也不能将品红版调成100%，要有层次的变化。

如图1-77所示，原稿中人物的嘴唇颜色较为暗淡、不红润，因此而显得不自然。经过在Photoshop的处理之后，人物的嘴唇变得红润有光泽，如图1-78所示。

图1-77　调整前嘴唇层次平乏

图1-78　调整后嘴唇立体感增强

<h1>实训 项目</h1>

项目1 精确调整脸部肤色

本次任务主要是完成人物脸部肤色的调整。人物肤色呈现偏黄效果，因此需要在 Photoshop 中进行适当的调整，如图1–79和图1–80所示。

图1–79 调整前　　　　　　　　　　　图1–80 调整后

该案例的操作流程如图1–81所示。

原图　　　　　　扩散亮光　　　　　　创建曲线调整图层

最终效果　　　　再次创建曲线调整图层　　　创建色彩平衡调整图层

图1–81 操作流程

一、实训目的

通过案例，掌握人物类原稿复制的一般规律。

二、实训内容

1. 扩散亮光命令。

2. 曲线命令。

3. 色彩平衡命令。

三、实训过程

实例文件	DVD\实例效果文件\模块一\任务二\项目1\精确调整脸部肤色		
视频教程	DVD\视频\模块一\任务二\项目1\精确调整脸部肤色制作		
视频长度	4分50秒	制作难度	★★★

案例练习

　　☆ 练习中所提供的图片素材（DVD\练习\模块一\任务二\练习1）存在肤色不真实的问题。依据所学能辨别皮肤的偏色问题所在，通过网点配比准确去除偏色，并掌握肤色的基本色调，还原出真实的皮肤颜色。

项目2　让脸部肤色更加细腻

　　本次任务主要是使人物皮肤更加细腻。本例的原图（图1-82）人物脸部皮肤比较粗糙，因此需要在Photoshop中进行适当的调整，调整后的效果如图1-83所示。

图1-82　调整前　　　　　　　　　图1-83　调整后

该案例的操作流程如图1-84所示。

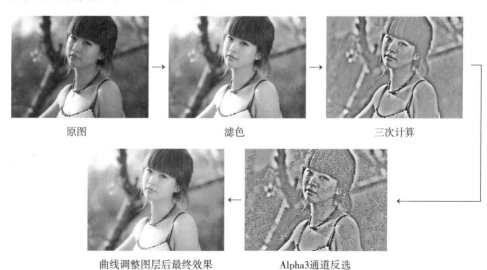

原图　　　　　　　　　滤色　　　　　　　　　三次计算

曲线调整图层后最终效果　　　　　Alpha3通道反选

图1-84　操作流程

一、实训目的

通过案例，掌握人物类原稿复制的一般规律。

二、实训内容

1. 滤色命令。
2. 高反差保留命令。

三、实训过程

实例文件	DVD\实例效果文件\模块一\任务二\项目2\让脸部肤色更加细腻		
视频教程	DVD\视频\模块一\任务二\项目2\让脸部肤色更加细腻制作		
视频长度	2分31秒	制作难度	★ ★

案例练习

☆ 练习中所提供的图片素材（DVD\练习\模块一\任务二\练习2）存在光照不正确的问题。依据所学能判断出原稿的拍摄用光，并能通过光照效果处理出质感通透的人物肤色。

任务三
风景类原稿调整

实训指导

大自然是最伟大的创造者，它寥寥几笔就勾勒出了俊秀的风景。无论是深邃的山谷、蜿蜒的溪流，还是绚丽的树、水墨色的雾霭与山、纷繁的鲜花，都让我们不得不感叹它那无形的力量。很多古时候的大文豪也被大自然鲜艳的颜色所折服，写下了无数脍炙人口的千古佳句。唐代诗人白居易在《忆江南》中写到"日出江花红胜火，春来江水绿如蓝"，这是对大自然色彩的最好写照，如图1-85所示。

图1-85 江南风光

一、风景类原稿的特点

风景类原稿的特点表现为光线明快，层次丰富，颜色鲜艳，厚实，画面干净，可以按照"以色彩和反差为主的复制工艺"思路进行复制，色彩可以适度夸张一点，最大限度地保证颜色的鲜艳度和对比度。

二、风景类原稿复制的一般规律

1. 根据风景类原稿的特点，制作长阶调版

根据风景原稿的特点，想要获得最好程度的阶调再现，一定要做长阶调。因为阶调拉得越长，网点百分比的级数也就越多，表达的层次就越好。

有些风景原稿在拍摄的时候，会受到条件的限制，尤其是光线问题，如图1-86所示，出来的照片影调色调都很平，显得无精打采。但是精心调整，可以给受到光线问题影响的风景原稿提起"精气神"。

图1-86　图片缺乏"精气神"

这张原稿是在细雨中拍摄的，但是并没有把细雨的质感表现出来，而且调子沉闷，在Photoshop中通常采用"曲线"命令进行调整，如图1-87所示。

如图1-88所示，经过这样的调整后原稿中的灰蒙蒙的感觉消失了，细雨把空气冲洗之后，清新空气扑鼻而来，沁人心肺，提起了"精气神"。

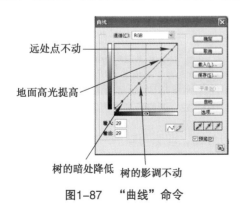

图1-87　"曲线"命令

图1-88　调整之后的效果

2. 提高图像的清晰度

一张好的风景原稿复制品，不但要求阶调要拉开，层次丰富，光线明快，色彩再现好，色彩鲜艳，而且还要求图像的清晰度要高，效果逼真。

如图1-89所示，这张原稿是花朵的特写，各项拍摄参数都比较到位，如果能让花朵的细节更加清晰，质感更加细腻，对于提高印刷品质量会有很大的帮助。在Photoshop中通常采用"USM锐化"命令和"高反差保留"命令进行调整，调整后效果如图1-90所示。

图1-89　调整前缺乏特写的清晰感　　　　　　图1-90　调整后质感增强

3. 获得最佳的色彩再现

在色彩再现方面，必须注意两个方面问题：一是根据原稿的色调特点，明确用色的主导思想，改进色调处理方法；二是掌握好灰平衡工艺。

第一个问题要做到以下三点：

① 掌握好每张原稿的色彩基调，如冷色调、暖色调、绿色调、蓝色调等。早晨和傍晚的色温较低，通常在4000K以下，低于日光的6000K。

如图1-91所示，这张原稿是拍摄于早晨，因此色温较低，使色调偏红。在Photoshop中通常采用"可选颜色"命令。做足红、黄的基本色，突出红黄的色彩基调，在色彩上渲染出大红大黄的色调，如图1-92所示。

图1-91　调整前朝霞色彩不正　　　　　　图1-92　调整后朝霞色彩还原正确

② 加强色彩的对比。色彩的对比包括色度的对比，即明与暗的对比、深色与浅色的对比和色相的对比，即不同色相之间的对比，如图1-93和图1-94所示。

③ 增强景物远近的色彩变化。很多时候在处理风景原稿的时候对景物远近的透视效果呈现出的色彩变化关系做得不够，会造成色彩的单调，缺乏色彩的变化。

（a）　　　　　　　　　　　　　　　　（b）

图1-93　色度的对比

（a）　　　　　　　　　　　　　　　　（b）

图1-94　色相的对比

如图1-95所示，这张原稿拍摄的是远山，应该是有色彩变化的，因为色光的相互影响，物体在空间会产生比较明显的色彩变化，而原稿缺乏这样的色彩变化，呈现得很平淡。在Photoshop中通常采用"可选颜色"命令进行调整，能够有利于色调和谐中有变化，使景物浑然一体，能很好地达到统一而多变的效果，如图1-96所示。

图1-95　调整前图片平淡　　　　　　图1-96　调整后图片远近层次清楚

第二个问题是要在工艺上掌握好中性灰平衡。

在彩色再现过程中，在工艺上要认真做好灰平衡，并贯穿到整个彩色复制工艺中。彩色复制中的灰平衡的重要意义在于不仅图像的阶调需要，图像的各种颜色的正确再现也需要，否则，将无法复制出质量好的印刷品。

如图1-97所示，这张原稿是一张严重偏蓝色的风景照片，天空、山川以及农田等都混淆成了一片。在Photoshop中通常采用"色彩平衡"命令进行调整，经过调整后，各个部分都拥有了自己的色彩，画面颜色和层次都显得更为丰富，如图1-98所示。

图1-97　调整前偏色严重　　　　　　　　图1-98　调整后色彩效果表达正确

三、风景类原稿中常见颜色的网点配比

风景类原稿的色彩都是来源于大自然，人们对这些颜色的失真一眼就能判断出来，把这类色彩称为印象色，处理这类色彩时就必须准确地再现。由于电脑的屏幕和印刷的效果存在着截然不同的结果，因此，这类色彩的处理不能依赖电脑屏幕，必须有比较精确的网点配比作为处理这类色彩时的参考。

1. 蓝色

蓝色由M版和C版叠加所得，Y版是蓝色的相反色。当C版含量超过M版含量的20%，得到的是纯正的蓝色；但M版含量超过了C版含量或是两者的含量一致，得到的都是蓝紫色，如图1-99和图1-100所示。

最重要的蓝色就是天空的颜色。当C版含量为70%~80%，M版含量为30%~40%时，就可复制出干净、透彻、蔚蓝的天空，Y版含量一定要为0%，允许出现少量的K版，如图1-101所示。

图1-99　蓝色　　　　图1-100　蓝紫色　　　　图1-101　正确的天空

2. 绿色

绿色由Y版和C版叠加得到。绿色的相反色是M版。当Y版含量大于C版含量时，是黄绿色；当C版含量大于Y版含量时，得到青绿色。

一般植物的颜色Y版含量为80%~90%，C版含量比Y版含量小30%~40%，M版也建议为0%或出现少量，如图1-102所示。

3. 黄色

黄色由原色Y油墨再现，C版和M版是它的相反色。给黄色中加入品红色，就会得到橙黄色，一直到红色；给黄色中加入青色，就会得到土黄色，一直到绿色。橘黄色的网点配比是Y版多于M版40%左右，橘红色的网点配比是Y版多于M版20%左右，如图1-103和图1-104所示。

图1-102　正确的草地　　　　图1-103　橘黄色　　　　图1-104　橘红色

4. 红色

红色是由Y版和M版叠加得到的。它的相反色是C版。想要得到鲜艳的红色，Y版和M版要基本相等，至少要超过95%，C版的含量不得超过15%，否则红色将会很灰暗，如图1-105所示。

红花的再现，Y版要大于M版，出来的红色才会鲜艳、柔软，若是M版大于Y版，红色就会呈现生硬、寒冷。也必须采用适量的C版，才能复制鲜艳红花的层次。C版的含量在15%左右，在较暗的红色区域也应有含量较小的K版，如图1-106所示。

图1-105　红色　　　　　　　　　图1-106　正确的红花

实训项目

项目1　还原真实的蓝天草地

本次任务主要是完成蓝天草地的调整。本例的原图是因为一般的数码相机由于其CCD成像的缘故，都会呈现出一种灰蒙蒙的效果，不利于反映出真实的天空草地的颜色，需要在 Photoshop 中进行一些调整，还原出真实的蓝天草地的色彩，调整前后效果如图 1-107 和图 1-108 所示。

图1-107　调整前

图1-108　调整后

该案例的操作流程如图 1-109 所示。

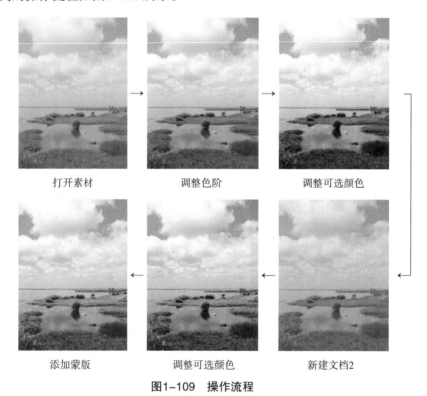

打开素材　　　　　调整色阶　　　　　调整可选颜色

添加蒙版　　　　调整可选颜色　　　　　新建文档2

图1-109　操作流程

一、实训目的

通过案例，掌握风景类原稿复制的一般规律。

二、实训内容

1. 色阶命令。

2. 可选颜色命令。

3. 添加蒙版命令。

三、实训过程

实例文件	DVD\实例效果文件\模块一\任务三\项目1还原真实的蓝天草地		
视频教程	DVD\视频\模块一\任务三\项目1还原真实的蓝天草地制作		
视频长度	5分53秒	制作难度	★★★

案 例 练 习

☆ 练习中所提供的图片素材（DVD\练习\模块一\任务三\练习1）存在色彩和层次的问题。依据所学能通过网点配比，调整出正确的天空颜色，此外，也能处理风景原稿中常见的沉闷感、灰蒙蒙、偏色等问题。

项目2　让花儿更加娇艳

本次任务主要是完成花朵的调整。本例的原图是由于相机曝光系统共同的毛病或是光线原因，相片整体呈现的效果有点偏冷色，需要在Photoshop中进行一些调整，还原出娇艳的花朵，调整前后效果如图1–110和图1–111所示。

图1–110　调整前

图1–111　调整后

该案例的操作流程如图1–112所示。

打开素材

调整曲线

调整USM锐化

调整可选颜色

图1–112　操作流程

一、实训目的

通过案例，掌握风景类原稿复制的一般规律。

二、实训内容

1. 曲线命令。

2. 可选颜色命令。

3. USM 锐化命令。

三、实训过程

实例文件	DVD\实例效果文件\模块一\任务三\项目2\让花儿更加娇艳		
视频教程	DVD\视频\模块一\任务三\项目2\让花儿更加娇艳制作		
视频长度	3分37秒	制作难度	★ ★

案 例 练 习

☆ 练习中所提供的图片素材（DVD\练习\模块一\任务三\练习2）存在色彩基调、清晰度的问题。依据所学能把握好风景原稿的色彩基调，能做出正确的渲染，也能处理合适的清晰度。

任务四
商品包装类原稿调整

实 训 指 导

人们对平时消费品和礼品的需求档次的逐步提高，促进了商品包装装潢设计和商品包装印刷行业的大力发展，新工艺、新技术如雨后春笋般，发展极为迅速。但是，大多数一线从业人员对商品包装类原稿认识不清，处理不当，导致了商品包装的印刷质量不尽人意。主要表现在：

① 同一批次或不同批次出现颜色不一致，如图1-113和图1-114所示。

② 印刷品颜色与实物颜色差距较大。

③ 层次不丰富，质感不明显，如图1-115所示。

一、商品包装类原稿的特点

现代包装设计对图像、图案都要求有特色，包装新颖，能真实地再现实物的形状、色彩、质感。商品包装类原稿的特点是色彩正确地还原了实物，层次丰富，清晰度较高，质感细腻。

图1-113 不同批次颜色不一致

图1-114 同一批次颜色不一致

图1-115 画面主题缺乏层次

二、商品包装类原稿复制的一般规律

1. 对原稿进行适当的艺术加工

对原稿进行适当的艺术加工，有时需要牺牲原稿部分的色彩，来烘托原稿主体表达的商品意义。

如图1-116所示，鲜嫩的蔬菜装在土黄色的容器里，原稿显得平淡无奇，把土黄色的容器颜色做得更加浓重，从而能更好地烘托蔬菜鲜嫩的质感，原稿顿时活跃了，如图1-117所示。

图1-116 调整前缺乏明显的主次感

图1-117 调整后蔬菜鲜嫩质感增强

如图1-118所示，调整之前的橘子颜色略微有点偏黄，绝网处与高光处的对比过小。处理时给橘子加了适量的红色，使得橘子的颜色更加饱满，把高光处做了一点减淡处理，丰富了层次，如图1-119所示。

图1-118　调整前缺乏高光层次　　　　　　图1-119　调整后高光层次较明显

2. 把握好原稿的主体色彩

主体色彩要求艳丽明亮，还要特别注意主体的受光部分要做得足，不能暗淡。

如图1-120所示，蔬菜和水果色彩灰暗、浑浊，给人以陈旧的感觉，不利于商品包装的商业效果。如图1-121所示，蔬菜和水果颜色艳丽，突出了蔬菜和水果的颜色特点，赋予了较强的新鲜感，能有效地引起购买欲望。

图1-120　调整前色彩不鲜活　　　　　　图1-121　调整后色彩鲜艳

如图1-122所示，原稿整体发灰，该亮的地方不亮，该暗的地方不暗，看上去灰蒙蒙的。如图1-123所示，经调整之后，亮暗之间差异较大，受光部分还原较明显。

图1-122　调整前色彩过于陈旧　　　　　　图1-123　调整后色彩明暗关系改善

3. 把握好物品的质感再现

如图1-124所示，表盘部分发灰，细节不明显，不够细腻。如图1-125所示，调整时，把调整的重点确定在表盘的高光和中间调区域，并加强了USM锐化，层次更加丰富，质感也比较细腻、逼真。

图1-124　调整前清晰度不高　　　　　　　图1-125　调整后质感增强

实 训 项 目

项目1　为物品艺术加工

本次任务主要是为了物品的艺术加工。本例中原图拍摄的效果为冷色调，作为商品包装类原稿的效果不是很理想，不利于实现促销的作用，需要在Photoshop中进行一些调整，为银杏艺术加工，以至于达到商品包装类原稿的要求，调整前后的效果如图1-126和图1-127所示。

图1-126　调整前　　　　　　　　图1-127　调整后

该案例的操作流程如图1-128所示。

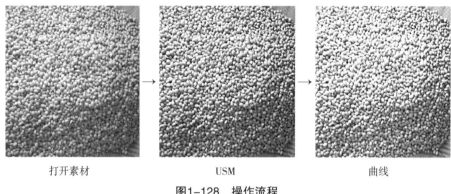

打开素材　　　　　　　　USM　　　　　　　　曲线

图1-128　操作流程

一、实训目的

通过案例，了解物品艺术加工的意义及调整方法。

二、实训内容

1. USM命令。

2. 曲线命令。

三、实训过程

实例文件	DVD\实例效果文件\模块一\任务四\项目1\为物品艺术加工		
视频教程	DVD\视频\模块一\任务四\项目1\为物品艺术加工制作		
视频长度	1分28秒	制作难度	★

案 例 练 习

☆ 练习中所提供的图片素材（DVD\练习\模块一\任务四\练习1）存在高光不足、画面主体不强的问题。依据所学能找到原稿高光区，还原出合理的高光，也能通过艺术加工烘托画面主体。

项目2　再现物品的质感

本次任务主要是完美还原戒指的金属质感。本例的原图是由于相机质量不高或是光线原因，致使戒指整体呈现的效果有点偏青色并且质感不细腻，需要在Photoshop中进行一些调整，使之散发出闪亮的金属质感光泽，调整前后的效果图如图1-129和图1-130所示。

该案例的操作流程如图1-131所示。

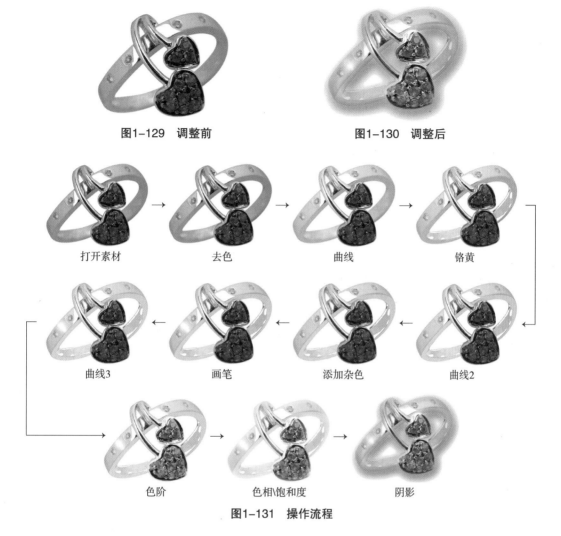

图1-129　调整前　　　　　　　　图1-130　调整后

打开素材　　　　去色　　　　　曲线　　　　　铬黄

曲线3　　　　　画笔　　　　　添加杂色　　　　曲线2

色阶　　　　　色相\饱和度　　　　阴影

图1-131　操作流程

一、实训目的

通过案例，掌握物品质感再现方法。

二、实训内容

1. 曲线命令。

2. 可选颜色命令。

3. USM锐化命令。

三、实训过程

实例文件	DVD\实例效果文件\模块一\任务四\项目2\再现物品的质感		
视频教程	DVD\视频\模块一\任务四\项目2\再现物品的质感制作		
视频长度	6分11秒	制作难度	★★★

案 例 练 习

☆ 练习中所提供的图片素材（DVD\练习\模块一\任务四\练习2）存在色彩、质感的问题。依据所学能确定色彩陈旧的原因，并能作相应的去除处理，也能通过处理突出画面主体质感。

思 考 题

1. 简述平面扫描仪的工作原理。

2. 扫描仪的动态范围如何表示？

3. 在图像处理时，常见的层次问题有哪些并分别进行阐述？

4. 简述平面扫描仪保护锁的作用。

5. 请写出安装扫描仪的操作步骤。

6. 在扫描软件中的"黑白点"设置参数的作用是什么？

7. 在扫描软件中的"去网"设置参数的作用是什么？

8. 简述顺光照人物原稿的特点。

9. 人物类原稿的面颊部位的调整技巧是什么？

10. 在调整风景类原稿时，如何理解"以色彩和反差为主的复制工艺"？

11. 如何掌握好"中性灰"平衡？

12. 如何增强商品包装类原稿的质感？

模块 二

版式设计与印刷的关系

印刷品的版面设计是建立在视觉艺术基础之上的，而印刷品的加工则是以光学、化学、机械学、电子学等科学为基础的综合技术。所以，任何一件精美的印刷品都是科学、艺术及技术的结晶。无论是在创意设计，还是分色参数的选取、灰色平衡数据的设定、阶调层次的再现，以及水墨平衡的控制、覆膜、上光、压型、装订等，无一不是运用现代科学技术的手段表现出时代的美学观点。因此在进行版式设计时，只有对整个印刷工艺和材料有全面的了解，才能设计出具有新意、个性和特色的印刷精品。

任务一
印刷品文字在版式设计中的处理

实训 指导

在进行版式设计时，版面文字要求清晰明快，方便阅读，处理的技巧是把文字与底色的色彩明度差距应尽可能拉大，大多数是使用反白文字，但是反白文字印刷后会出现笔画不完整，空白区渗入了油墨，字迹较难辨认问题，大多数人都认为是印刷问题，实际是设计人员不了解印刷工艺造成的后果。

受到印刷工艺的限制，纸张在印刷时会出现一定程度的变形，文字或图像在彩色背景上套印时就有可能出现"露白"现象，这个现象也是在版式设计时可以弥补或避免的。

一、反白文字问题

反白文字对于大多数的平面设计人员都是很喜欢使用的一种文字效果，但印刷后呈现的效果有时却不尽人意，如图2-1所示。

（a）字迹模糊不清　　　　　　　　　（b）文字"重影"现象

图2-1　反白文字问题

出现反白文字不如意的问题，是由于受到印刷工艺的限制，设计人员必须了解这些限制，才能有效地规避印刷效果不如意的问题。具体总结如下：

① 高速印刷时，印刷压力较大，底色面积大，供墨量也较大，再加上油墨的流动性，空白区域的反白文字粘到油墨的可能性也大，图文区域的油墨多少会扩张到空白区域，使得空白区域上墨。

② 纸张的拉伸变形、印版位置、套印误差这些问题，一定会导致四色无法正确套准，也不可能有绝对的套准，那么就会出现字迹模糊不清。

上述的这些原因都是现代高速印刷中比较难避免的问题，因此在进行版面设计时，要加以注意，尽量避免或较少这类问题的出现。建议如下：

① 反白文字尽量采用粗字体，这样空白区域的面积就会增大。

② 底色尽量采用专色印刷，这样可以有效地防止因为套印误差带来的字迹不清楚问题。

③ 若对反白文字要求较高时，可以采用印刷银色或烫印银色的办法，效果比较好，但会增加成本。

二、文字色彩选择

有些平面设计人员对文字色彩的使用比较随意，喜欢什么颜色就用什么颜色，忽略了生产加工对颜色再现效果的限制，如图2-2所示。

若在深色背景上印刷了深色文字，颜色都是同一色系的，造成了文字不清楚，给阅读带来不便，如果长时间阅读，很容易造成视觉疲劳。

文字与底色的色彩明度差距应尽可能拉大，这样就会突显文字，使文字醒目清晰。在选择颜色方面可以这样来把握，黄、青、绿等色相的颜色明度最高，蓝、红色相的颜色明度最低，品红色、橙色比红色明度高，黑色明度最低。

图2-2 文字色彩处理不当

三、文字或图像的陷印

有时，印刷品上还会出现"露白"的现象，如图2-3所示。

图2-3 印刷品"露白"现象

很多人不明白这个现象是怎么回事，客户没有办法接受这个现象，总是认为印刷厂没有印好，套印不准，经常会为这个问题返工，带来不必要的麻烦和浪费。

黑色椭圆形为第一次印刷时的图文部分，后续印刷的是黄色图文，黑色椭圆形镂空与黄色椭圆形大小完全相同。若纸张没有变形，印版定位准确，则后续印刷的黄色图文应该刚好能镶嵌在里面，如图2-4和图2-5所示。

印刷中由于印刷压力、润版液、橡皮布的弹性变形等因素，一定会造成纸张在印刷过程中的变形，变形以纸张的伸长为主，伸长方向沿着叼口往拖梢的纸张方向呈扇形状。纸张伸长变形大多数是在第一色印刷后最为明显。

图2-4 理想的印刷效果

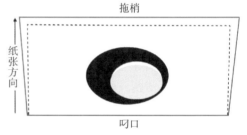

图2-5 第一色印刷效果

第一个色的黑色图文印刷在纸张上后，纸张因受潮、受压发生伸长，使中间的镂空也产生了纵向伸长，而后续印刷的黄色图文依然被定位并套印在白色镂空处。由于镂空处扩大了，黄色图文印刷后就在拖梢方向露出了一条白边，即为"露白"，如图2-6所示。

图2-6 第二色印刷效果

如果想通过调节设备或校版来弥补"露白"是行不通的。因为黄色图文的印版偏向拖梢，则在叼口就会"露白"，同时也会影响其他颜色的套印。

消除"露白"的方法只有在设计制作时进行处理。方法是外扩处理和内缩处理。外扩是指前景对象尺寸扩大，背景对象不变。内缩是指前景对象尺寸不变，背景对象扩大，如图2-7和图2-8所示。

图2-7 未做"陷印"处理的四色分色版

图2-8 做了"陷印"处理的四色分色版

常用软件的陷印处理如下：

① Photoshop 的陷印处理，"图像"—"陷印"。

② PageMaker 的陷印处理，"文件"—"自定义格式"—"陷印"。

③ InDesign 的陷印处理，"窗口"—"输出"—"陷印预设"。

④ 方正飞腾的陷印处理，"版面"—"漏白预校"。

⑤ Illustrator 的陷印处理，"路径寻找器"—下拉三角—"陷印"。

⑥ CorelDRAW 的陷印处理，"右键"—"叠印轮廓"；"打印"—"分色"—"始终叠印黑色"。

在进行陷印操作时应注意以下几个方面：

① 细小的文字和线条的陷印量要比正常量略小一些，因为字体边缘和线条的边缘由于颜色的叠加会有一定程度的模糊，使得文字和线条看上去不是很清楚。

② 空白区越大，受水面积也大，纸张伸长变形越严重，陷印值要相应地增加。

③ 色块由两种平网色相叠印时，或上一色是平网，下一色为实地，一般不需要做陷印。如：底色为 C100%M60%，前景色为 C90%Y30%。

④ 98% 以上的黑色文字或图案叠加在彩色上时，由于黑色油墨的遮盖力很强，直接将前景色的黑叠加在背景色的彩色上，无须做陷印。

⑤ 如果有相邻对象，其中一个对象的某颜色成分值与另一个对象的某颜色成分值一样，其他颜色成分值差异不大，也不要做陷印。

由于印刷工艺、承印材料及印刷系统的套印精度不同，印刷品越精细，套准精度就越高，陷印值就越低。如单张纸胶印机采用双面铜版纸的陷印值为 0.1mm，卷筒纸胶印机采用新闻纸的陷印值一般为 0.25mm，凹印和柔印的陷印值要大一些，一般在 0.2~0.3mm。

实 训 项 目

西凤酒海报制作

本次任务主要完成西凤酒的海报设计。本例以西凤酒为海报的主体，西凤酒是中国最古老的历史名酒之一。凤翔古称雍州，地处古周原，此地自古以来颇具兴农酿酒之地利。酒与中国文化密切相关，因此海报设计主题——突出西凤酒悠久的历史，深厚的中国文化底蕴。海报背景选用中国红，以表示吉祥、昌盛，并运用中国元素——龙纹图案，表达中国文化底蕴，辅加一些文字，达到整张海报图文均衡的效果，如图2-9所示。

图2-9　最终效果

该案例的操作流程如图2-10所示。

制作基本版式　　　　输入反白文字　　　　设置字体颜色　　　　给线条做"陷印"处理

图2-10　操作流程

一、实训目的

掌握文字在版式设计中的正确使用。

二、实训内容

1. 设置字体颜色。
2. 陷印处理的技巧。

三、实训过程

实例文件	DVD\实例效果文件\模块二\任务一\西凤酒海报		
视频教程	DVD\视频\模块二\任务一\西凤酒海报制作		
视频长度	1分59秒	制作难度	★

案例练习

☆ 使用所提供的图片素材（DVD\练习\模块二\任务一\三星手机宣传单），在Photoshop中制作一个正反面的三星手机宣传单，成品尺寸为宽10cm、高20cm，正面做一个整版的宣传页，背面放置规格参数和详细功能。

☆ 使用所提供的图片素材（DVD\练习\模块二\任务一\KFC套餐优惠券），在Photoshop中制作一个正反面的肯德基优惠券，成品尺寸为宽22cm，高71.25cm，正面做一个整版的宣传页，背面放置15个优惠套餐券。

☆ 使用所提供的图片素材（DVD\练习\模块二\任务一\中国移动全球通积分计划），在Photoshop中制作一个正反面的中国移动全球通积分计划宣传单（三折页，三折页为Z字型），成品尺寸为宽30cm，高21cm，必须有一个整版宣传页和一个计划说明页。

任务二
印刷品色彩在版式设计中的处理

实 训 指 导

有些设计人员进行版式设计时常常忽略实际印刷用纸的颜色对设计色彩再现效果的影响，这种做法是不可取的。很多特种纸有特别的色彩与光泽，若综合考虑纸张的特性与设计用色，能有效地提高产品档次，而对于普通纸张可以通过金银色印刷、表面局部上光达到提高产品档次的目的。

一、纸张色泽与印刷品的色彩再现

如图2-11所示，两张样张使用不同的纸张，可以非常明显地看出颜色效果。图2-11（a）采用的是带颜色的纸张，纸张颜色本来就有些暗淡，设计时没有注意到这个问题，导致印刷后的彩色图文颜色不鲜艳、不光亮。图2-11（b）采用光泽度较好的白卡纸，颜色相比之下比较理想。

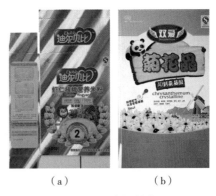

（a）　　　　　　　（b）
图2-11　案例样张

纸张是印刷的基本原料，纸张质量的好坏直接影响到印刷品的质量。印刷时，在印刷压力作用下，纸张和油墨的结合性能决定着印刷画面再现质量，纸张的表面特性制约着印刷画面的表现效果。要想得到完美的色彩再现，就必须正确把握印刷工艺适性。

① 白度。纸张的白度是指纸张受光照射后全面反射的能力。一般来说，白度高，印刷图像表现的色彩明亮，阶调层次反差也显得强烈。反之，印刷图像表现的阶调和色彩层次也灰平。另外，如果纸张偏色，还会改变印刷品色彩与中性灰平衡，如图2-12所示。

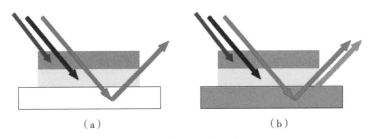

（a）　　　　　　　　　　　　（b）
图2-12　颜色呈色示意图

② 光泽度。指纸张表面的镜面反射程度。从对印刷品质量的影响来看，纸张的光泽

度与印刷品的光泽度之间有着十分直接的关系，光泽度高的纸张在纸张表面可以获得比较高的印刷密度，如图2-13所示。

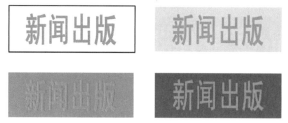

图2-13　同一色文字在不同纸张上呈现的不同效果

综上可以看出，作为包装用纸采用较高白度和光泽度是市场主流。不过，也要根据实际情况而定。

二、金银色图文的印刷

如图2-14所示，这个例子中，大面积的圆形图案采用银色印刷。

在设计中，客户常常要求用到金色和银色印刷，由于金色和银色不能由四色印刷来实现，故其印刷和技术都有特殊的要求。印刷时，金色和银色是按专色来处理的，即用金墨和银墨来印刷，故其胶片也应是专色胶片，单独出一张胶片，并单独晒版印刷。金银色都是安排在最后一色印刷的，尽量直接印刷在纸张上，不要和其他四色叠印。

图2-14　案例样张

使用了金银墨的印刷品因为可以发出金属般的光泽，给人高档奢华、颜色鲜艳的感觉，是光谱色没有办法做到的，因此设计师们经常在高档的包装上使用。但在做设计时也必须考虑到很多技术问题。采用金银色生产过程中需要注意：

（1）工艺设计要求

设计时应尽量避免金银色与主色或大面积实地叠印，叠印会使金银色印不上或印迹发虚。在多色印刷中，金银印刷必须放在最后色序印刷，若在金银色的表面再印其他的颜色，则会完全失去金属光泽。金银色尽可能设计在深色的实地上，充分发挥金银墨的金属光泽作用。金银色做的线条、文字不能太小，这是因为金银粉的颗粒较大，容易造成糊版，细小的线条、文字会模糊不清。

（2）承印物的选择

在胶印过程中，金银墨印刷需要根据产品的特殊需要选择合适的纸张来印刷才能够获得理想的金银色印刷效果。纸张较好，表面平滑度越好，金属光泽度越好，层次丰富、色泽鲜艳；如果纸张较差，表面粗糙多孔，则得不到良好的金属光泽的印刷效果。一般选用铜版纸、白纸板。

（3）表面加工

金银墨印刷后，一般都要上光或覆膜，阻挡空气、水和油墨接触，从而避免氧化变色，保护金银墨层的色彩稳定，也可以防止墨层擦伤。

三、印刷品表面局部上光

图2-15（a）中的"婴幼儿亲伙宝贝"和蝴蝶形都采用了局部上光效果，突出了画面的主体。图2-15（b）中的红色人物形状和标志文字也采用局部上光效果。

（a）

（b）

图2-15　案例样张

局部上光，是印刷品表面整饰技术的一种。因其采用具有较高亮度、透明度和耐磨性的UV光油对印刷图文进行选择性上光而得名。在突出版面主题的同时，也提高了印品表面装潢效果。局部UV主要应用于书刊封面和包装产品的印后整饰方面，以达到使印品锦上添花的目的。

目前常见的局部UV效果有：局部亮光、局部消光、局部磨砂，局部七彩、局部折光、局部皱纹及局部冰花等。

国内常用丝网印刷工艺进行局部上光，因为丝网印刷工艺得到的油层较厚，颜色鲜艳，立体感较强，生产成本也低，但生产效率不高。

为了能有一个更好的局部上光效果，必须考虑以下几个方面：

① 上光部分的颜色明度最好高于非上光部分。

② 承印物建议采用光泽度低的纸张，因为光泽度低可以降低背景部分的色彩光泽。

③ 覆膜时，选用双面电晕的亚膜，因为UV光油不能很好地依附在光滑的薄膜上。

④ 细小的文字和线条建议不使用局部上光，因为上光油的流动性大。

鹊迪鞋业彩色纸质手提袋制作

本次任务主要完成鹊迪鞋业彩色纸质手提袋设计。本例中的版式设计简洁大方，依靠印刷工艺对颜色的特殊效果处理突显品牌，如图2-16所示。

该案例的操作流程如图2-17所示。

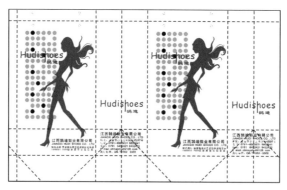

图2-16　最终效果

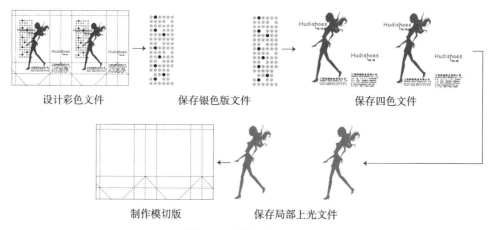

设计彩色文件　　　　保存银色版文件　　　　保存四色文件

制作模切版　　　　保存局部上光文件

图2-17　操作流程

一、实训目的

掌握色彩在版式设计中的正确使用。

二、实训内容

1. 金银色版的制作方法。

2. 表面局部上光版的制作方法。

三、实训过程

实例文件	DVD\实例效果文件\模块二\任务二\鸪迪鞋业彩色纸质手提袋		
视频教程	DVD\视频\模块二\任务二\鸪迪鞋业彩色纸质手提袋制作		
视频长度	2分04秒	制作难度	★★

案例练习

☆ 使用所提供的图片素材（DVD\练习\模块二\任务二\纸质手提袋），在CorelDRAW制作一个纸质手提袋，成品尺寸为宽为63cm，高度为39cm，利用所给素材中的模切版来制作，将图文信息制作在红色方框中。

☆ 使用所提供的图片素材（DVD\练习\模块二\任务二\塑料薄膜袋），在CorelDRAW制作一个正反面的塑料薄膜袋，成品尺寸为宽14cm，高20cm。

☆ 使用所提供的图片素材（DVD\练习\模块二\任务二\纸质外包装盒），在CorelDRAW制作一个纸质外包装盒，成品尺寸为宽44cm，高32cm。利用所给素材中的模切版来制作。

任务三
书刊封面设计

实 训 指 导

在设计书刊封面时，会遇到书刊开本、书背厚度、勒口宽度的尺寸问题，这些尺寸不是客户提供的，更加不能随意去设定，要本着美观、有利于加工、节约的原则，精确计算出来。

一、印刷品开本的选定

如图2-18所示，两个案例的印刷条件没有改变，只是改变了原来的尺寸，图2-18（a）中尺寸为宽29cm，高21cm，图2-18（b）中尺寸为宽25cm，高23cm。虽然尺寸改变了，只要是能满足使用的需要，也是可以的，印刷份数就会增加，印刷价格不会增加，无形中节约了成本。

（a） （b）

图2-18 案例样张

目前我国国内比较常用的单张纸规格主要有两种，称为正度、大度纸。尺寸为787mm×1092mm、889mm×1194mm。在选择纸张时，本着节约的原则，能用正度就一定不要选大度，因为正度纸与大度纸的单价相差比较大。如果按照200g/m²、5000元/吨的双面铜版纸来计算，则有正度纸每张的价格为（含3%的印刷厂管理费）：

（0.787×1.092×200/1000000）×5000×1.03=0.88（元/张）

（0.889×1.194×200/1000000）×5000×1.03=1.09（元/张）

0.21元的差价对于大批量印刷来说，是一笔比较庞大的支出，选择合适的纸张规格是可以节约成本的。

把一张全张纸平均裁切成几张同样大小的纸张，得到的纸张数成为纸张开本，常见纸张开切的方法，如图2-19所示。

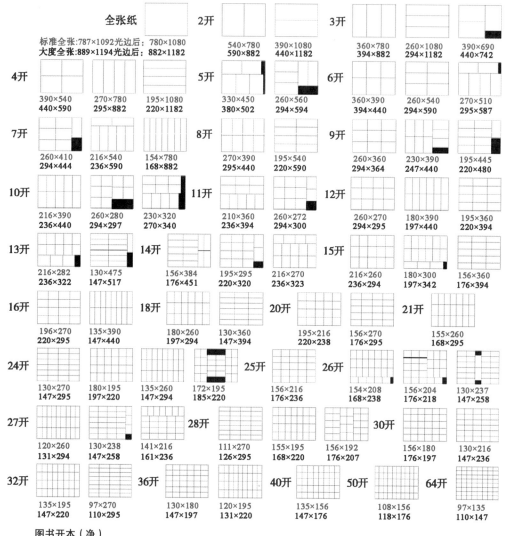

图书开本（净）

16开：135×195　　18开：168×252　　20开：184×209　　24开：168×183

32开：130×184　　36开：126×172　　64开：92×126　　　长32开：(787×960×1/32)=113×184

大16开：(889×1194×1/16)=210×285　　大32开：(850×1168×1/32)=140×203

注：1. 所有开张尺寸均为纸张上机尺寸。

　　2. 图中黑色方块表示开纸时出现的边角料。

图2-19　常见纸张开切和图书开本尺寸（单位：mm）

印刷时，纸张的整个幅面不是都可以印刷图文的，必须留出叼口、拖梢、标识（套准线、灰梯尺）位置，如图2-20所示。

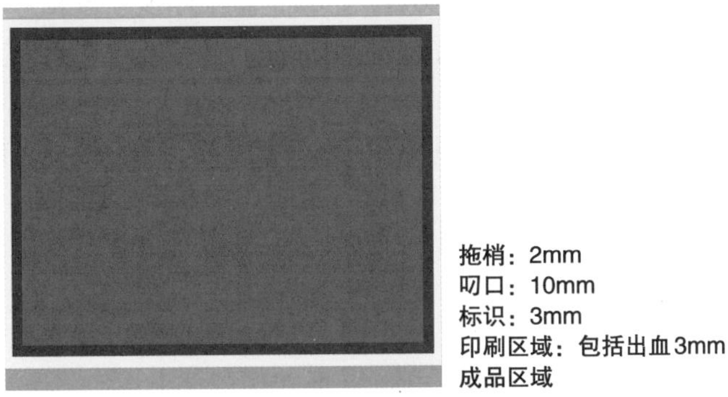

拖梢：2mm
叼口：10mm
标识：3mm
印刷区域：包括出血3mm
成品区域

图2-20　纸张幅面尺寸示意图

想一想　单张的广告宣传单，成品尺寸为119mm×87mm，请分析，采用正度4开合理还是采用大度4开合理？

二、封面书脊厚度的计算

在进行书封设计制作时，经常遇到书脊厚度的问题，印刷厂的设计和工艺人员也会和客户确定这个问题，市面上也有一些书籍存在着书脊或大或小的现象，如图2-21所示。这说明在准确计算书脊厚度方面，还存在着一些问题，这些问题都是要引起重视的。

书店把许多书籍插在书架上，只给了书脊露面的机会，可谓是"一寸空间一寸金"。读者要想在众多繁杂的书脊中寻到需要的图书并非易事，因此书脊设计的重

图2-21　书脊设计不当

要性显现出来。有人说，封面是书籍的第一张脸，而书脊则是书籍的第二张脸。不论是从功能的角度，还是从艺术视觉的角度，都应该强调对书脊与封面一样重视。

进行书籍设计必须非常精确地计算出书脊的厚度，否则将会影响到整本书的美观。尤其是书脊采用的底色与封面、封底的底色不同时，更需要精确地计算厚度。

书籍封面的宽度是由封面宽度、书脊宽度、封底宽度和胶粘宽度组成，如图2-22所示。

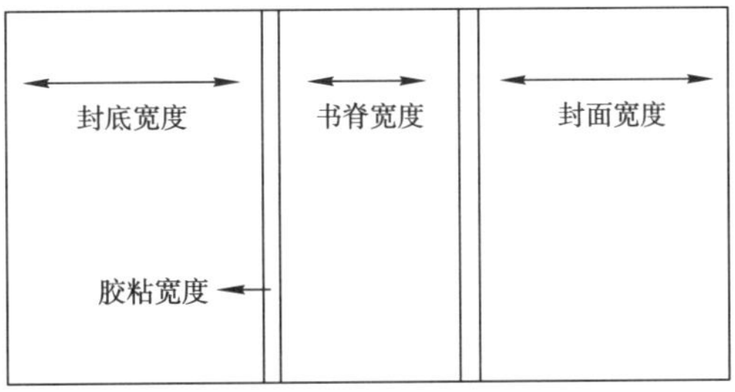

书脊宽度是由书芯厚度、封面封底纸张厚度、胶粘宽度组成。用公式来表达就是：

书脊宽度=书芯厚度+封面封底纸张厚度+胶粘宽度（一般胶轮与书脊距离在2mm±0.5mm之间，刷胶长度比封面短5mm左右）

书芯厚度=总页码/2×纸张克数×纸张厚度系数K

封面封底纸张厚度=2×克数×纸张厚度系数K

图2-22　书籍封面的宽度组成

（图中文字：封底宽度　书脊宽度　封面宽度　胶粘宽度）

纸张厚度系数与纸张类型有关，同一类型的纸张不同的克数页采用一样的纸张厚度系数。书写纸厚度系数 K 为 0.0015，胶版纸厚度系数 K 为 0.0014，单面铜版纸厚度系数 K 为 0.0012，双面铜版纸厚度系数 K 为 0.0011，进口铜版纸厚度系数 K 为 0.0008。

例如，封面用 $120g/m^2$ 双面铜版纸，书芯用 $50g/m^2$ 书写纸，有 117 个页码，则书脊宽度计算如下：

$$书芯厚度 + 封面封底纸张厚度 + 胶粘宽度 = 118/2 \times 50 \times 0.0015 + 2 \times 120 \times 0.0011 + 2$$
$$= 3.185 + 0.264 + 2 = 4.95mm$$

三、封面勒口大小的计算

勒口是平装装帧的一种加工形式。主要是封面的前口边宽于书芯前口边，包完封面后将宽出的封面边沿书芯前口切边向里折齐在封二和封三内的加工，如图 2-23 所示。

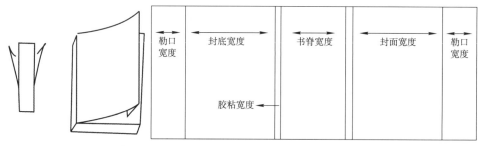

图2-23 封面各部分的组成

勒口的主要作用有：① 放置作者信息、书刊点评等。② 保护书芯，增强了封面的保护作用。③ 美观，使得平装书看起来类似精装书。

在制作勒口时需要注意以下几点：

（1）选择勒口宽度的大小要与印刷用纸的幅面综合考虑

书籍封面、封底、书脊、勒口的总宽度最好能符合印刷用纸的开本尺寸。

如图 2-24 所示，该实例可以用 787mm×1092mm 的纸张印刷吗？我们必须通过计算才能知道。

宽度 $=185 \times 2 + 10 + 80 \times 2 + 12 = 552mm$

高度 $=260 + 16 + 8 = 284mm$

根据开本尺寸，设计勒口为 80mm，是不能使用 787mm×1092mm 的纸张印刷的，必须减小勒口尺寸或换成 889mm×1194mm 的纸张。

（2）装订方式的选择

书籍的装订方式大多采用无线胶订和锁线胶订，而有勒口的书籍大多都采用锁线胶订。因为无线胶订的工艺必须

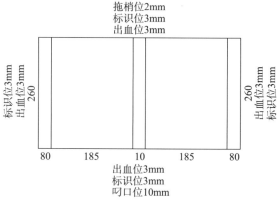

图2-24 案例封面尺寸计算示意图

采用三边裁切，但是有勒口的书籍只能裁两边，从装订方式来说，带勒口的书籍宜采

用锁线胶订。

无线胶订工艺流程：

折书芯页→配页→铣背打毛→刷胶水→包封面→三面裁切整齐→出成品

锁线胶订工艺流程：

折书芯页→配页→锁线→粘贴衬纸→裁切前口→投书→上背胶→上侧胶→输送封面→包本定型→出书→折勒口→裁切天头地脚

（3）使用底色

在设计带有勒口封面时，最好能将封面封底的底色延伸到勒口部分。否则，若装订不准确，尤其是折页时稍有偏差，就会露出不一样的颜色，这样的印刷品只能报废。

四、精装书封面的计算

经典性著作、精印图书和经常翻阅的工具书一般都采用精装，精装书具有用料考究、装订结实、装潢美观、有利于长期保存等优点。这些优点不管是在使用价值还是收藏价值方面都比平装书更胜一筹。作为设计人员，一定要对精装书的尺寸计算有一定了解，以避免由于尺寸不适合，影响图书美观，严重时造成经济损失。

精装书按书脊形式来分，有方形书脊和圆形书脊两种，如图2-25和图2-26所示。

图2-25　方形书脊

图2-26　圆形书脊

方形书脊由于书芯折叠及锁线的原因，厚度比书芯厚一些。方形书脊的精装书不宜太厚，太厚的话，容易折坏书脊。

圆形书脊，因前后书帖的位置是错开的，书脊呈半圆形，书芯分布在一个弧面上。较厚的图书采用圆形书脊较好，不易折坏书脊。圆形书脊是经过扒圆加工后背脊成圆弧形的，一般以书芯厚度为弦与圆弧对呈130°为宜。圆形书脊又可分为圆背无脊（只扒圆不起脊）和圆背有脊（扒圆起脊，起脊的高度一般与书壳的纸板厚度相同）两种。圆形书脊的计算方法为：

无脊（只扒圆，不起脊）书脊弧长 =（130°×π×书背宽度/2）/180°

有脊（扒圆，起脊）书脊弧长 =[130°×π×（书背宽度+2×纸板厚）/2]/180°

例1　书芯尺寸为210mm×297mm，正文112面，书芯用80g/m² 双胶纸印刷。方脊精装，封面用120g/m² 双面铜版纸，印后压膜，裱糊硬壳。用2mm厚的纸板，预留飘口

3mm，槽宽8mm，包边20mm。设计人员应在多大幅面内进行封面设计？

书背宽度＝书芯厚度＋封面封底纸张厚度＋胶粘宽度

=112/2×80×0.0014+2×120×0.0011+0.5=7mm

封面纸板宽＝书芯宽＋飘口－槽宽=210+3-8=205mm

封面纸板高＝书芯高＋飘口×2=297+6=303mm

中径纸板宽＝书脊厚＋纸板厚×2=7+4=11mm

中径纸板高＝封面纸板高=303mm

封面面料宽＝封面纸板×2＋槽宽×2＋包边×2＋中径纸板宽＋纸板厚×2

=205×2+8×2+20×2+11+2×2=481mm

封面面料高＝中径纸板高＋包边×2＋纸板厚×2=303+40+2×2=347mm

可在481mm×347mm尺寸内进行设计；在设计图文时应考虑除掉包口尺寸以保证图文位置的正确。

例2　书芯尺寸为210mm×297mm，正文112面，书芯用80g/m²双胶纸印刷。圆脊精装，只扒圆，不起脊，封面用120g/m²双面铜版纸，印后压膜，裱糊硬壳。用2mm厚的纸板，预留飘口3mm，槽宽8mm，包边20mm。设计人员应在多大幅面内进行封面设计？

书背宽度＝书芯厚度＋封面封底纸张厚度＋胶粘宽度

=112/2×80×0.0014+2×120×0.0011+0.5=7mm

封面纸板宽＝书芯宽＋飘口－槽宽=210+3-8=205mm

封面纸板高＝书芯高＋飘口×2=297+6=303mm

书脊弧长＝（130°×π×书背宽度/2）/180°＝（130°×3.14×7/2）/180°=7.9mm

中径纸板高＝封面纸板高=303mm

封面面料宽＝书芯宽×2＋槽宽×2＋包边×2＋书脊弧长＋纸板厚×2

=205×2+8×2+20×2+7.9+2×2=477.9mm

封面面料高＝中径纸板高＋包边×2＋纸板厚×2=303+40+2×2=347mm

可在477.9mm×347mm尺寸内进行设计。

《莲花集》书封制作

本次任务主要完成《莲花集》书封设计。本例以摄影师拍摄的莲花为主体，在设计封面的时候尽量突显主题，线条的莲花和水墨点相互辉映，使整个页面更协调，如图2-27所示。

该案例的操作流程如图2-28所示。

图2-27 最终效果

在Photoshop中制作底纹 → 在PageMaker中制作版式

图2-28 操作流程

一、实训目的

掌握书刊封面的正确制作方法。

二、实训的内容

1. 书背厚度的计算方法。

2. 勒口宽度的计算方法。

三、实训过程

实例文件	DVD\实例效果文件\模块二\任务三\《莲花集》书封		
视频教程	DVD\视频\模块二\任务三\《莲花集》书封制作		
视频长度	2分26秒	制作难度	★★

案例练习

☆ 使用所提供的图片素材（DVD\练习\模块二\任务三\杂志封面），在PageMaker中制作一个正反面的杂志封面（封一、封二、封三、封四），成品尺寸为宽21cm，高29cm。

☆ 使用所提供的图片素材（DVD\练习\模块二\任务三\带有勒口的封面设计），采用889mm×1194mm的纸张印刷，根据所给尺寸，计算出比较合适的勒口宽度，并考虑最经济的印刷方式。

☆ 使用所提供的图片素材（DVD\练习\模块二\任务三\精装书封面），在PageMaker中制作一个正反面的杂志封面（封面、封底），书芯尺寸为140mm×180mm，正文628面，书芯用80g/m²双胶纸印刷。方脊精装，封面用250g/m²双面铜版纸，印后压膜，裱糊硬壳。用2mm厚的纸板，预留飘口3mm，槽宽8mm，包边20mm。计算出封面设计时采用的尺寸。

任务四 册页出版物设计

实训指导

在内文设计时，很多时候都会用到跨页设计，跨页效果因为设计区域大，出来的效果显得大气、美观。但是很多宣传册、杂志的跨页设计却不尽人意，是因为设计人员不了解装订工艺的要求。

设计人员在进行页数比较多的宣传册、杂志设计时，心里对总页数没有一个明确的认识，甚至出现奇数页，但是单纯地认为只要是偶数页就行，又过于片面，必须结合开本来综合考虑，做到加工成本最节约。

一、跨页处理

1. 跨页错位的原因

跨页是在书刊设计中经常使用的方法，如图2-29所示，左右页面没有对齐，是一个失败的跨页。

根据拼版的特点，同一页面可能会被安排在不同的版面上进行印刷，只有在装订之后才能看到完整的页面内容。

在印刷和装订的过程中，有一些原因会导致跨页产生位置的偏移，总结如下：

图2-29　图文错位

① 手工拼版的误差。跨页图有时会被安排在不同的印版上，手工拼版时，由于拼版的误差导致跨页失败。

② 纸张定位的偏差。跨页图有时也会被安排在不同批次印刷，分别印刷时，印刷机对纸张的定位会产生一定的偏差从而导致跨页失败。

③ 折页机的误差。当跨页图被分成不同批次折页时，折页刀的位置、折页宽度的误差也会导致跨页失败。

④ 配页的误差。配页的过程中，书帖之间的滑动，也容易引起跨页失败。

2. 装订方式的选择

如图2-30所示，案例采用的是无线胶订，图片没有对齐，强行将左右页面拉开，图片可以对齐，但订口部分被损害了，这是没有考虑到胶订工艺特点所导致的。

目前比较常用的装订方式有骑马订、锁线胶订、无线胶订。

骑马订适合比较薄的书刊装订，杂志居多，书页可以完全摊开，图片可以很容易对齐，非常适合跨页设计，成本也较低。采用骑马订装订时，跨页图无须做任何处理。

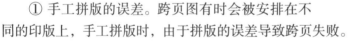

锁线胶订对于厚书薄书都可以用，书页同样也可以完全摊开，也非常适合跨页设计，成本较高，适用于跨页多、书本较厚的精美书籍。书芯部分的跨页图不用做任何处理，封二与扉页、封三与最后一页之间要在订口处各留出6mm左右的胶粘位，供包封面使用，处理方法如图2-31所示。

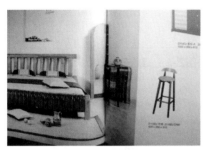

图2-30　跨页处理不当而导致图文不完整

图2-31　封二与扉页、封三与最后一页的跨页

无线胶订需要对书脊进行铣背打毛，如图2-32所示。这种装订方式无论是书芯还是封二与扉页、封三与最后一页之间都要做相应的处理，才能保证做出成功的跨页。

铣背打毛的深度一般为3mm左右，书芯的跨页设计时左右图之间的订口位置要预留出铣背打毛位。为了防止铣背打毛的深度不够，出现"露白"现象，如图2-33所示，左边图往右边多裁剪3mm，右边图往左边多裁剪3mm，如图2-34和图2-35所示。

锁线胶订也是要包封面，所以封二与扉页、封三与最后一页之间要在订口处各留出6mm左右的胶粘位，再加上铣背打毛3mm，封二在订口处留出6mm，扉页在订口处留出9mm，封三在订口处留出6mm，最后一页在订口处留出9mm，如图2-36和图2-37所示。

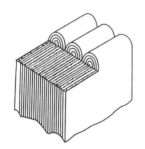

图2-32　铣背打毛示意图

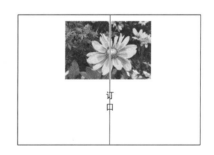

图2-33　铣背打毛的深度不够，出现"露白"现象

图2-34　裁剪示意图

图2-35　跨页示意图

图2-36 封二与扉页的跨页　　　　　　图2-37 封三与最后一页的跨页

二、书刊总页码数的确定

常用的四色胶印机规格有全开、对开、四开、八开，印刷厂为了保证印刷色彩的一致性和印刷工价最低，会根据印刷品的规格和总页码数，安排在最合理的胶印机上印刷。

例如，32开，正反面页码，把8个页码拼成8开，16个页码拼成4开，32个页码拼成对开，64个页码拼成全开。其他的开数的拼版方法，可以参照"常见纸张开切和图书开本尺寸表"。

案例中所举例子，能否顺利完成印刷，分析如下：

封面、封底、封二、封三可以拼成一个四开自翻版，上四开印刷机。

16开的书芯拼成全开（889mm×1194mm）正反面，共用32个页码，如图2-38和图2-39所示。

9	24	17	16
8	25	32	1
5	28	29	4
12	21	20	13

图2-38 正面拼版示意图

15	18	23	10
2	31	26	7
3	30	27	6
14	19	22	11

图2-39 反面拼版示意图

例如，某杂志为16开，封面250g/m² 双面铜版纸，书芯120g/m² 双面铜版纸，书芯总页码为34个，封面封底4个页码，四色印刷，印刷用纸889mm×1194mm，装订方式骑马订。想一想：这本杂志可以顺利完成吗？

案例中使用了34个页码，无法在一张全开版面中拼完，同时按照骑马订的装订特点，2个单独的页码是没有办法装订的，所以说这个案例不能顺利完成，减少到32个页码就可以。

如果是16开本或32开本的书刊，总页码数最好是8的倍数或4的倍数，就能刚好拼成对开或四开，折页时也可以顺利折页成帖。如果是其他特殊的开本，则按照对开所能排下的页码数，取整数倍即可。

如果扉页、目录页、版权页、插页等使用了不同的纸张，要把纸张类型相同的安排在相同的版面上。纸张类型相同的总页数应该为4的倍数。

实训项目

《红连天》宣传册内文制作

本次任务主要完成《红连天》宣传册内文设计。本例以红连天家具为内容设计内文版式，产品的内文设计并不是简单地将产品罗列上去，而是要让客户能快速方便地读取产品信息，如图2-40所示。

图2-40　最终效果

该案例的操作流程如图2-41所示。

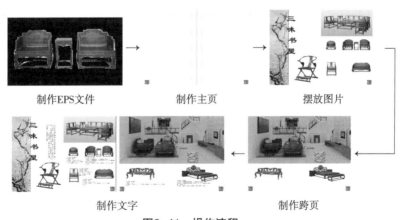

制作EPS文件　　　　　制作主页　　　　　摆放图片

制作文字　　　　　　　制作跨页

图2-41　操作流程

一、实训目的

掌握书刊内文的正确制作方法。

二、实训内容

1. EPS文件的制作方法。
2. 跨页的处理方法。

三、实训过程

实例文件	DVD\实例效果文件\模块二\任务四\《红连天》宣传册内文		
视频教程	DVD\视频\模块二\任务四\《红连天》宣传册内文制作		
视频长度	4分10秒	制作难度	★ ★ ★

▌案 例 练 习

☆ 使用所提供的图片素材（DVD\练习\模块二\任务四\曲美现代家具宣传册设计），在InDesign中制作一个正反面的曲美家具宣传册，成品尺寸为210mm×290mm，页码数根据内容需要自行决定，制作文件中必须出现跨页、天头、地脚。同时也做一个配套的封面。

▌思 考 题

1. 制作反白文字时，如何避免印刷效果不良的问题？
2. 印刷品出现"露白"现象的原因是什么？如何解决"露白"现象？
3. 采用金银色印刷时需要注意的事项是什么？
4. 细小的文字或线条能否作局部上光处理，并说明原因。
5. 如何计算书脊厚度？
6. 精装书采用方型书脊时，如何计算封面的大小？
7. 采用无线胶订时，如何正确地制作跨页？

模块 ③
激光照排输出实训

　　激光照排机是印前制作系统中重要的输出设备，它是集光学、机械系统和电子系统为一体的高科技产品。它将印前系统制作好的版面文字、图形图像等内容，精确细致地扫描在感光胶片上，而后将胶片冲洗出来，制版后在印刷机上大量印刷，即它的作用是将计算机处理好的页面文件，经RIP解释后输出CMYK四色分色片。它的特点是使用胶片做记录材料，输出精度高，价格较昂贵。它是整个印前工艺流程的关键程序，在整个桌面系统的工作过程中占据重要地位，也是印前系统中较精密的输出设备。

任务一　　RIP参数设置
任务二　　激光照排机操作

任务一

RIP参数设置

RIP（Raster Image Processor）全称为图像光栅处理器，它是从数字化印前版面处理到输出胶片或印版过程中必不可少的中间枢纽。它关系到输出的质量和速度，甚至整个系统的运行环境，是整个系统的核心。

一、RIP的作用和地位

RIP是将计算机上排好的图文页面输出到不同介质（分色印刷胶片、CTP印版等）时一个必不可少的中间处理环节。通俗地讲，它就相当于一个电子"翻译"，接收从计算机传送来的数据，通常是以标准PostScript语言描述的页面图文信息，将其"翻译"成输出设备所需要的光栅数据（通常的打印机、照排机和CTP制版机等都称为光栅设备），然后再控制设备进行输出，其工作过程如图3-1所示。

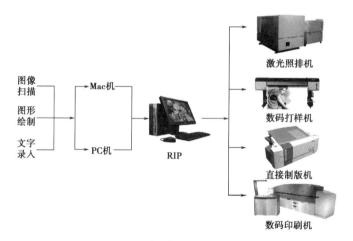

图3-1 栅格图像工作过程

RIP具有控制输出设备和控制输出版面信息（如纸张或胶片的输出幅面大小、是否旋转版面、是否输出反字、是否要拆页输出、是否分色输出、输出版面的页数或份数）等的作用。

二、RIP的主要技术指标

就目前来说，RIP的主要技术指标有：

（1）PostScript页面描述语言的兼容性

印前系统中的各种输出设备都是采用PostScript语言来进行页面描述的，RIP兼容性的好坏体现在是否能解释各种软件制作的版面，输出到设备时是否会出现错误。

（2）解释速度

图像的加网是在输出过程中由RIP完成的，各RIP生产厂家都有自己的加网算法，不同的加网算法会产生不同的效果，进而影响页面的解释速度，解释速度是用户最关心的问题之一，因为它直接关系到生产效率，解释速度还取决于照排机的记录速度和网络传递速度。

（3）加网质量

加网是RIP的重要功能，加网质量直接影响印刷品的质量，在制作彩色印刷品时非常重要。有些印刷品在某些颜色的层次上网点显得很粗，视觉效果不好，而在另一些层次上则不明显，这就是RIP加网算法造成的。加网质量与解释速度是一对矛盾，精细的加网算法使计算量增加很多，相应的解释速度降低也就很大。

（4）支持跨平台和网络打印

印前系统中常用的电脑是PC机和MAC机，这两种电脑使用的是不一样的操作平台，所以要求RIP可以在不同的硬件平台之间使用。也可以通过局域网实现网络打印，大大提高了工作效率。

（5）预视功能

由于RIP在解释页面时，会出现缺图缺字的问题，可以用来避免出现错误和减少浪费，因此现在大部分情况下都要先预视检查，检查解释后的版面情况，预视功能也就成为了一项必不可少的功能。

（6）拼版输出功能

因为照排机的胶片宽度是固定的，一般都是4K或对开，输出的版面却是不一定的，往往会遇到用很宽的胶片来输出很小版面的情况，尤其是大幅面照排机更容易遇到这种情况，造成胶片的浪费，而使用具有拼版输出功能的RIP就可以使这种问题迎刃而解。更有效地利用胶片，提高工作效率。

项目1　打印PS格式文件

在专业排版软件中设计的版面文件要输出用于印刷，必须将排版文件打印成PS格式或PDF格式，再通过RIP软件（光栅处理器）来将版面中的图文内容转换成网点信息，然后通过激光照排机（CTF）或者计算机直接制版设备（CTP）进行输出，操作流程如图3-2所示。

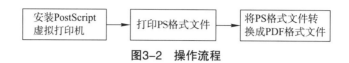

图3-2　操作流程

一、实训目的

能够安装 PostScript 虚拟打印机，并能打印 PS 文件。

二、实训内容

1. PostScript 虚拟打印机的安装。

2. 在 Adobe Illustrator、Adobe InDesign 软件中打印 PS 文件。

三、实训过程

实例文件	DVD\实例效果文件\模块三\任务一\项目1\虚拟打印机安装程序		
视频教程	DVD\视频\模块三\任务一\项目1\打印PS格式文件		
视频长度	13分57秒	制作难度	★★★

1. 安装 PostScript 虚拟打印机

PostScript 虚拟打印机是一款由软件模拟的无硬件存在的打印机，安装它的主要目的是为各种计算机应用软件提供一个通用的将版面文档转换为 PostScript 格式文件的功能。对于印前输出而言，安装了 PostScript 虚拟打印机后，就可以在各个图文处理软件中通过虚拟打印机的打印，生成 PS 格式文件，提交给 RIP 解释输出胶片，确保数据在不同软件之间进行交换。其安装方法有以下两种。

（1）方法一

① 在 PC 机的开始菜单上打开"控制面板"，在"控制面板"中双击"打印机和传真"图标。

② 在打开的"打印机和传真机"对话框中，单击左上方"打印机任务"栏中的"添加打印机"命令，如图3-3所示，弹出"添加打印机向导"对话框。

③ 在弹出的"添加打印机向导"窗口中，选择打印机类型为"连接到此计算机的本地打印机"，同时取消"自动检测并安装即插即用打印机"选项，如图3-4所示。

图3-3　"添加打印机"命令

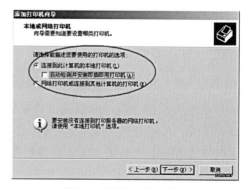

图3-4　选择打印机类型

提示：由于安装的PostScrip虚拟打印机并不是一台真实的打印机，如果选择"网络打印机或连接到其他计算机的打印机（E）"，安装时将不能够在网络上检测到本打印机，会在安装时产生问题。

④ 单击"下一步"，出现"选择打印机端口"窗口，由于要安装的PostScrip打印机是一台虚拟打印机，同时使用本打印机的目的是将各个图文文档打印成一个PS文件并存盘，所以在安装时从"使用以下端口"的下拉按钮中选中"FILE：（打印到文件）"，如图3-5所示。

提示：在安装打印机时，选择端口后系统将会在相应指定的端口检测打印机的状态，由于将要安装的虚拟打印机没有硬件连接，所以选择"FILE：（打印到文件）"。

⑤ 单击"下一步"，在出现的对话框中，在左边的"厂商"列表中选择一个厂商，如"AGFA"；在右边的"打印机"列表中选择一种打印机型号，如AGFA-AccuSet v52.3，如图3-6所示。

图3-5　选择打印机端口

图3-6　选择打印机制造商和型号

⑥ 单击"下一步"，输入打印机的名称，也就是显示在"打印机和传真"窗口中的名称，也可以保持默认值。用户根据需要设置"是否将这台打印机设为默认打印机"，如图3-7所示；单击"下一步"，出现"要打印测试页吗？"，选"否"即可，因为所要安装的是虚拟打印机，因此就不必进行打印测试，如图3-8所示；单击"下一步"，单击"完成"，则虚拟打印机安装完成，如图3-9所示。

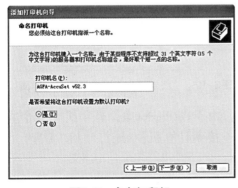
图3-7　命名打印机

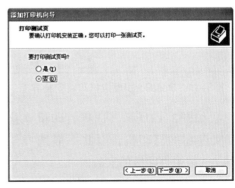
图3-8　打印测试页

图3-9　完成打印机安装　　　　　　图3-10　虚拟打印机图标

⑦ 在"打印机和传真机"窗口中出现一个打印机图标，这就是刚才安装的虚拟打印机，如图3-10所示。以后就可以用它输出PS文件。

提示：对于简装版的操作系统无法采用方法一的方式安装虚拟打印机，可采用方法二。

（2）方法二

① 在Adobe网站上下载PS驱动程序，并找到一款合适的打印机PPD文件。

PPD是指PostScript打印机描述信息文件，PPD是一个文本文件，它包含了有关一个特定的打印机的特征和性能的描述，主要包含如下信息：支持的纸张大小、可打印区域、纸盒的数目和名称、可选特性（如附加的纸盒或双面打印单元等）、字体和分辨率等。

② 双击安装文件运行Adobe PostScript虚拟打印机安装程序，进入安装界面，如图3-11所示。

③ 单击"下一步"，进入"终端用户许可协议"操作界面，选择"接受"，则继续安装，否则将不能继续安装，如图3-12所示。

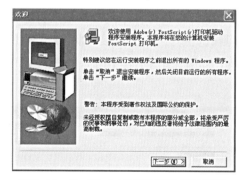
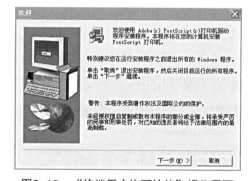

图3-11　PostScript虚拟打印机安装界面　　　　图3-12　"终端用户许可协议"操作界面

④ 如图3-13所示，选择打印机连接类型，由于PostScript虚拟打印机是一个非硬件真实存在的打印机，因此一般选择"直接连接到计算机[本地打印机（L）]"进行PostScript虚拟打印机的安装。

⑤ 如图3-14所示，选择打印机与计算机之间的连接端口（同方法一），选择

"FILE：本地端口"。

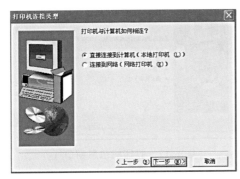
图3-13 选择打印机连接类型

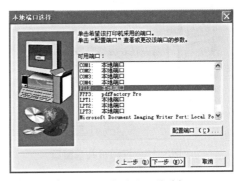
图3-14 本地端口的选择

⑥ 为将要安装的Adobe PostScript虚拟打印机选择一个PPD文件。在默认状态下，安装程序只有一个"Generic PostScript Printer"选项，如图3-15（a）所示。通过浏览选择计算机中存放的PPD文件，如图3-15（b）所示，对话框中选择一个合适的打印机（如"Scitex Dolev800 PSM L2"），单击"下一步"。

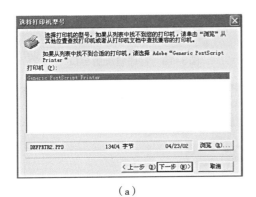
（a）

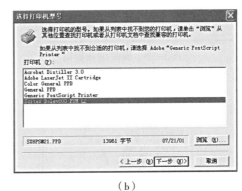
（b）

图3-15 选择打印机型号

⑦ 将虚拟打印机设置为不共享，因为虚拟打印机可以在每台计算机上进行安装，因此没有必要在网络上共享，如图3-16所示。

⑧ 单击"下一步"，设置虚拟打印机的"打印机名称"、"是否希望将该打印机用作默认打印机"和"是否愿意打印测试页"等选项，用户可根据需要自行设置，同方法一，如图3-17所示。

⑨ 单击"下一步"，安装程序进入安装和设置界面。在虚拟打印机安装完成后，和其他正式打印机安装结束时一样，操作人员可以即时对打印机进行设置，如图3-18~图3-20所示。

⑩ 安装完成，打开计算机系统中的"控制面板"/"打印机和传真"，查看Adobe PostScript虚拟打印机是否安装成功。如果安装成功，安装完成的虚拟打印机与真实打印机一样，将出现在"打印机和传真"窗口中，就是已经成功安装了一台名为"Scitex Dolev800 PSM L2"的虚拟打印机，如图3-21所示。

图3-16　打印机共享窗口

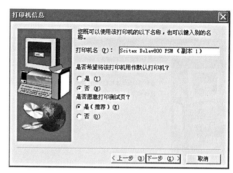

图3-17　打印机信息窗口

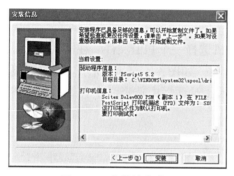

图3-18　安装信息窗口

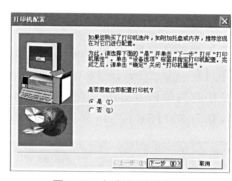

图3-19　打印机配置窗口

图3-20　虚拟打印机设置界面

图3-21　虚拟打印机图标

2. 打印PS格式文件

目前普遍采用的专业印前处理软件有：Photoshop、CorelDRAW、Illustrator、InDesign、PageMaker等，都可通过PostScript虚拟打印机生成一个PS文件或是PDF文件。

（1）在Adobe Illustrator中打印PS文件

Adobe Illustrator是常用的印前处理软件，本软件集图形制作和组版功能于一身，功能强大、界面友好、操作简单。在Illustrator中将文档输出成PS格式文件的操作如下。

①打开Illustrator软件，选择"文件/打印"或使用打印快捷键Ctrl+P，在"打印机"的下拉菜单中选择系统已经安装的PostScript虚拟打印机，并选择合适的PPD。

②在"常规"设置中，主要要注意介质大小（即输出纸张大小）和取向，其他均可采用默认，如图3-22所示。

③ 单击"标记和出血"选项，可以给输出的页面加上各种印刷标记和设置出血量，但在RIP输出的时候也可以添加各种印刷标记和设置出血量，因此此处可以不勾选，如图3-23所示。

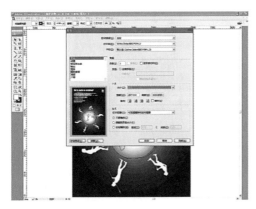

图3-22 "常规"对话框

图3-23 "标记和出血"对话框

④ 其他选项均可采用默认值。

提示：若要输出四色分色片，则单击"输出"选项，在模式下选中"分色（基于主机）或In-RIP分色"，如图3-24（a）所示；同时需要修改加网线数和加网角度，直接输入数值修改即可，如图3-24（b）所示。

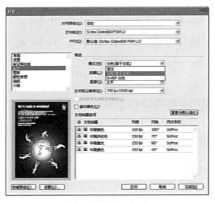

（a）"模式"选项

（b）"网角"设置

图3-24 "输出"对话框

⑤ 所有设置完成后，单击"打印"，将文件保存为PostScript格式，如图3-25所示。

（2）在Adobe InDesign中打印PS文件

Adobe InDesign是一个定位于专业排版领域的全新软件，在功能上相当完美，具有当今诸多排版软件所不具备的特性，下面将介绍InDesign文档输出PS文件的操作。

① 选择"文件/打印"菜单或使用打印快捷键Ctrl+P，进入Adobe InDesign的打印输出界面，如图3-26所示。首先必须选择打印机和PPD文件。在InDesign中，当打印机被选定后，系统将自动调用PostScript虚拟打印机在安装时指定的PPD文件。

图3-25　输出的PS文件

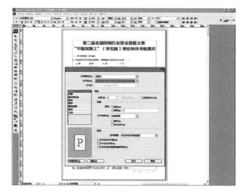
图3-26　"打印"界面

提示：在对话框左下角的"蓝色P"的对话框是以页面的形式显示打印的设置，表示此打印样式为竖式打印，并可以显示打印标记。在页面上单击鼠标则会显示当前打印机的部分设置。再次单击则会显示是否为彩色打印，在小页面左下角会显示一个四色的小方框，表明此时正在用彩色打印。再一次单击将回到"蓝色P"的显示状态。

② 选择"设置"项，如图3-27所示。打印机纸张设置界面，设置纸张大小和页面方向。

提示：页面大小（在文档的"文档设置"对话框中定义）和纸张大小（纸张、胶片等打印介质的大小）不同。页面大小一般为成品尺寸，但是在输出时需要在较大的纸张或胶片上打印，以确保能够列出输出打印机标记或出血和辅助信息等内容。

③ 其他选项设置和Illustrator中一样，不再赘述，最终输出如图3-28所示。

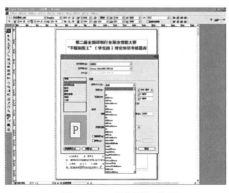
图3-27　"设置"选项

图3-28　输出的PS文件

3. 将PS格式文件转换成PDF格式文件

PS文件是一个很灵活的、与设备无关的页面描述语言，并已成为生产高质量输出的一项标准，但由于PS格式文件太大，不便于传输和拷贝，且生成之后便不可再编辑。而PDF文件格式是一种跨媒体的文件格式，既适用于印刷媒体领域，又适用于电子媒体领域，因而越来越被广泛使用。它可把文件的文本、格式、字体、颜色、分辨率、链接及图形图像、声音、动态影像等所有的信息封装在一个特殊的整合文件中，且文件小，稳定性好，能方便地通过网络传送，实现异地印刷。

使用Adobe Acrobat软件，可将PS文件转换成PDF文件，其操作过程如下（以Illustrator中输出的PS文件为例）。

① 确认电脑上安装了Adobe Acrobat软件，并打开Acrobat Distiller，如图3-29所示。

② 通过"文件/打开"可将PS文件自动转换成PDF格式（或直接将需要转换的PS文件拖到Acrobat Distiller上），转换后的PDF文件被自动保存在该PS文件相同的目录下，如图3-30所示，将PS文件转换成PDF格式的进度。

图3-29 Adobe Acrobat软件

图3-30 转换进度

③ 通过PDF阅读器可打开该PDF格式，如图3-31所示。

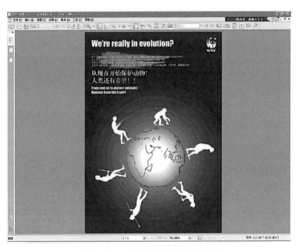
图3-31 转换后的PDF文件

案例练习

☆ 依据所学能给自己的电脑安装PS虚拟打印机，能使用所提供的Illustrator和InDesign源文件素材（DVD\练习\模块三\任务一\项目1）打印PS文件，使用Adobe Acrobat将PS文件转换成PDF文件。

项目2　RIP操作

本项目主要以北大方正的PSPNT（PSPNT是一个软件RIP产品，是PostScript Processor New Technology的字头缩写，是北大方正技术研究院开发的RIP产品，又称方正世纪RIP）为例，介绍专业级RIP的操作特征及其相关参数设置，RIP的操作流程如图3-32所示。

图3-32　操作流程

一、实训目的

掌握RIP操作。

二、实训内容

1. 在RIP软件中新建一个输出模板。

2. 了解各项输出参数的作用，并能正确进行设置。

三、实训过程

实例文件	DVD\实例效果文件\模块三\任务一\项目2\RIP源文件		
视频教程	DVD\视频\模块三\任务一\项目2\RIP操作		
视频长度	6分27秒	制作难度	★★★★

1. 新建模板

在计算机上安装了PSPNT 4.0后，该软件的快捷方式图标会出现在桌面上，可以通过双击快捷方式图标 或者在"程序"菜单中选择PSPNT 4.0来运行程序。

① PSPNT启动后，首先需要建立一个模板——PSPNT用于处理和输出作业的参数设置的集合。在PSPNT用户界面的左栏中单击"设置"选项卡，如图3-33所示，然后单击"模板管理"图标，打开"模板管理器"界面。

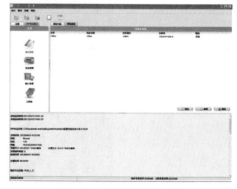

图3-33　"设置"选项卡

② 针对每个已安装的设备，"模板管理器"提供了一个默认的模板。在列表中选择一个模板，然后单击"增加"按钮，出现如图3-34所示的对话框。

③ 输入新模板的名称，然后单击"确认"，就可以打开"编辑"对话框，如图3-35所示。

④ 单击"RIP设置"按钮，打开"RIP参数设置"对话框。在此对话框中可以设置如挂网、色彩管理等RIP相关的参数，如图3-36~图3-38所示。

图3-34 添加模板对话框

图3-35 编辑模板对话框

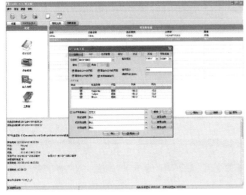

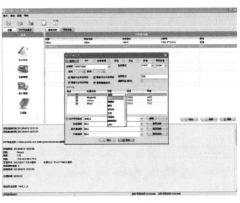

（a）挂网参数设置对话框

（b）网点形状的选择

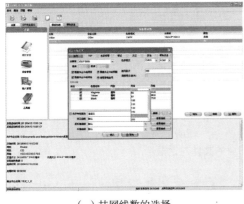

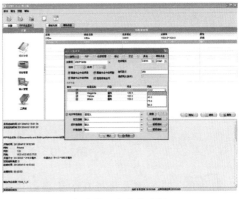

（c）挂网线数的选择

（d）挂网角度的选择

图3-36 挂网参数设置对话框

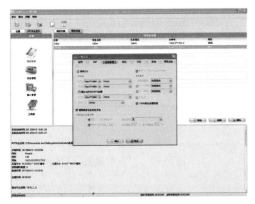

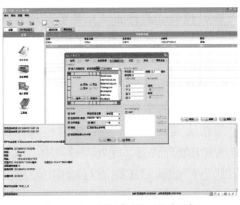

图3-37 色彩管理参数设置对话框（一般缺省）

图3-38 标记参数设置对话框

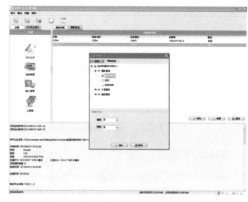

提示：若需输出阴图片或反片，可通过"编辑"对话框（图3-35）中，单击"设备设置"按钮打开"设备参数设置"对话框。在该对话框中可以对设备相关的参数进行设置，如图3-39所示。

⑤ 完成所有设置后，在"编辑"对话框中单击"确认"按钮来保存对模板所做的设置。模板列表中将会出现新增加模板的条目。

图3-39　设备参数对话框

2. 添加作业

在RIP用户界面，通过"操作/打开文件"命令，然后在弹出的"打开"对话框中选择所需RIP的文件和模板即可，则提交的作业会出现在"等待RIP的作业"队列里，如图3-40所示。

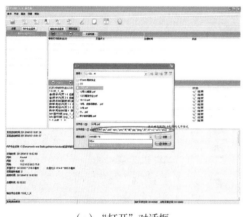

（a）"打开"对话框　　　　　　　　（b）"等待RIP的作业"列表

图3-40　添加RIP作业的文件对话框

提示：若还需要修改RIP参数或没有所需的现有模板，则可在左栏中选中作业的前提下，单击鼠标右键，选择"RIP设置"，如图3-41所示，则弹出"编辑模板"对话框（图3-35），从而对该作业所对应的RIP参数进行修改。

3. 解释和预览

完成必要的工作后，就可以单击"已停止"按钮使其转换为"运行中"按钮，使作业进入RIP处理状态。在处理过程中，队列上方的状态栏会显示正在进行的RIP处理的情况，如图3-42所示。

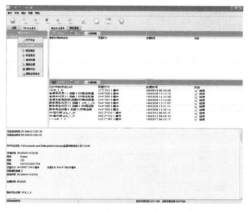

图3-41　"RIP设置"对话框

处理结束后，可用于最终输出的分色挂网的页面便显示在"等待打印的作业"队列中，如图3-43所示。

图3-42 RIP正在处理作业   图3-43 RIP处理完作业后

将文件进行输出之前，最好对挂网的页面进行预览，通过预览可以对RIP解释后的作业进行屏幕预显，以避免浪费耗材。

在"等待打印的作业"队列中选择需要预览的界面，单击鼠标右键，然后选择"预显"，便打开图像预览界面，如图3-44所示。

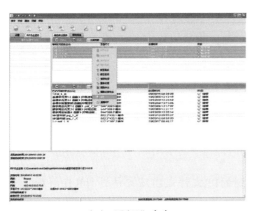

（a）"预显"命令   （b）总预览图

（c）黑版预览图   （d）青版预览图

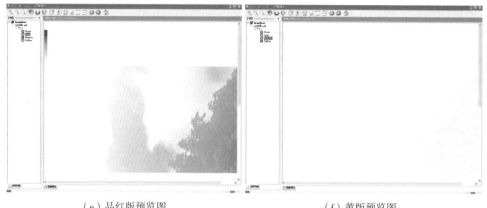

（e）品红版预览图　　　　　　　　　（f）黄版预览图

图3-44　图像预览

4. 输出

对页面进行预览，并确定页面正确无误后，返回到PSPNT的"RIP作业显示"界面中，然后单击"已打印的作业"队列上方的"已停止"按钮使其转换为"运行中"按钮，这样就可以将经过RIP处理的页面提交到照排机或CTP设备上进行输出了。

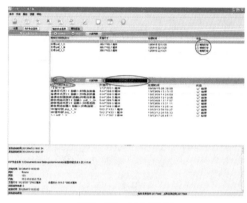

输出作业的过程中，"已打印的作业"队列上方的灰色进度条表示的是发送至输出设备的数据量。已输出的作业显示在"已打印的作业"队列中，如图3-45所示。

图3-45　设备输出

案例练习

☆ 使用方正PSPNT 4.0将项目1练习中得到的PS文件或PDF文件进行RIP解释（输出分辨率为1500dpi×1500dpi，加网为150lpi）。

任务二
激光照排机操作

实训指导

激光照排机是20世纪70年代研制出来的一种新设备，它的作用是将计算机处理好的页面文件，经RIP解释后输出为CMYK四色分色片。早期的照排机只能输出文字，现代的照排机可以将从计算机传来的所有文字、图像（绘图、线条和网目调图像）的数据输送到相纸、胶片上。激光照排机的特点是输出精度高，使用胶片做记录材料，是印前系统中最精密的输出设备。

一、激光照排机的种类及工作原理

激光照排机是一种具有高分辨率和高精度的设备。它的任务是使用激光，将RIP送来的黑白点阵信息曝光记录到胶片上。由于图文分色片上只有图文和空白两种状态，因此RIP送来的信息只有"0"和"1"两种，其中"1"代表"激光对胶片曝光"；而"0"代表"激光不对胶片曝光"。激光照排机接收到此"0"或"1"的信号后，就可以控制激光对胶片进行正确的记录曝光了，如图3-46所示。

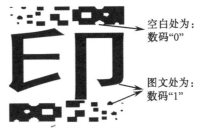

空白处为：数码"0"

图文处为：数码"1"

图3-46 胶印版图文和数字信息的关系

经过几十年的不断发展，激光照排机技术日益完善，种类众多，目前主要有四种结构类型：绞盘式、外滚筒式、内滚筒式和平台式。不同结构的照排机在性能参数及操作使用上都有所不同。

1. 绞盘式照排机

绞盘式照排机的工作原理：胶片由几个摩擦传动辊带动，如图3-47所示。在胶片传动的同时，激光将图文信息记录在胶片上，因此胶片的运动速度和曝光速度必须是严格一致的。绞盘式照排机的激光光源固定不动，曝光光线的偏转靠振镜或棱镜转动来实现。

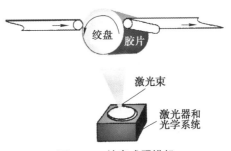

绞盘 胶片

激光束

激光器和光学系统

图3-47 绞盘式照排机

这种照排机的优点是结构和操作都很简单，价格也较便宜，可以使用连续的胶片，记录长度无限制等。缺点是记录精度和套准精度略低，一般只限于4开或4开以下幅面照排机。绞盘式照排机属于中档产品，由于价格适中，是目前使用较多的一种照排机类型。

2. 外滚筒式照排机

外滚筒式照排机的工作方式与传统电分机的工作方式类似，如图3-48所示。记录胶片附在滚筒的外圆周随滚筒一起转动，每转动一圈就记录一行，同时激光头横移一行，再记录下一行。这种照排机的优点是记录精度和套准精度都较高，结构简单，工作稳定，可以将记录幅面做得很大。

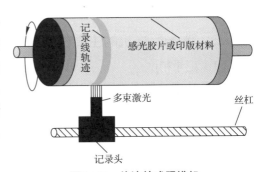

记录线轨迹

感光胶片或印版材料

多束激光

丝杠

记录头

图3-48 外滚筒式照排机

外滚筒式照排机的缺点是操作不方便，自动化程度低，通常需要手工上片和卸片，手工上下片时需在暗室操作。大幅面照排机的记录滚筒大，需要抽气系统和胶片固定装置，而且记录滚筒越大，转动时的惯性也越大，转速就要受到限制，记录的速度较低，必须靠增加激光光束数量来提高记录速度。因此这种类型的照排机目前较少采用。

3. 内滚筒式照排机

内滚筒式照排机又称为内鼓式照排机，被认为是照排机结构中最好的一种类型，几乎所有高档照排机都采用这种结构，如图3-49所示。这种结构具有记录精度高、幅面大、自动化程度高、操作简便、速度快等特点，但价格要比前两种照排机贵。

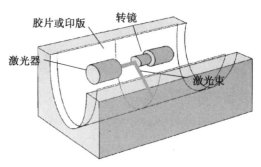

图3-49　内鼓式照排机

内滚筒式照排机的工作方式是将记录胶片放在滚筒的内圆周上面，滚筒和胶片不动而由激光光束扫描记录，因此没有走片不匀造成的误差。激光光束位于滚筒的圆心轴上，激光器可以绕圆心轴转动，每转1周记录1行，同时激光器沿轴向移动1行。可以看出，这种结构的记录光束到胶片任一点的距离都一样。因此光斑没有变形，又可有效避免因胶片传动不稳定所造成的记录精度降低的问题，这是它具有非常高的重复精度的原因。另一方面，由于滚筒不动，靠棱镜的转动来偏转光束，棱镜很轻，转动惯量很小，因此转速可以达到很高，使得记录速度也很快。

内滚筒式照排机也使用连续胶片，因此操作方便。但它记录的长度被限制在滚筒圆周的范围内（通常限制在半个圆周范围内），不能像绞盘式照排机那样记录无限长的版面。

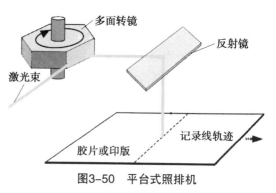

图3-50　平台式照排机

4. 平台式照排机

平台式照排机结构和操作都很简单，价格也较便宜，但是由于平台在记录过程中处于移动状态，成像精度是最低的，如图3-50所示。

二、激光照排机的主要性能指标

（1）记录精度

记录精度是指照排机可以记录的最小光点尺寸和光点的密集程度，即记录分辨率，是照排机最重要的输出精度指标。通常用每英寸上可以扫描多少个光点（dpi），或者多少条扫描线（lpi）来表示。因为印刷图像网点是由很多激光束形成的，激光光斑越小，组成网点的光点数就越多，所能形成的图像灰度级变化也就越多，或者在保证灰度级数的条件下使网点尺寸更小，即获得更高的加网线数。中档照排机的记录分辨率为1200~2500dpi，高档照排机的记录分辨率在3000dpi以上。实际使用中，分辨率并不是越高越好，过高的分辨率会给光栅格图像处理器（RIP）带来很大的工作负荷，减慢输出速度，用户应根据自己的工作需要合理选择。

（2）重复定位精度

重复定位精度是指各色版上图像位置的准确程度，通常以第一色版和最后一个色版重叠的误差计算。单色印刷品不需要套印，因此对套准精度要求不高，但对于彩色印刷来说，套准精度是一个非常重要的参数。彩色印刷需要分色，一个彩色版需要分解成CMYK四张分色胶片输出。要求输出的四张胶片精确一致，相互之间误差极小，否则重复套印时会产生误差，影响彩色印刷质量，这就对照排机的重复定位精度提出了很高的要求。一般绞盘式激光照排机重复定位精度误差15 μm左右，外鼓式激光照排机重复定位误差小于10 μm。内鼓式激光照排机重复定位误差小于8 μm。

（3）输出幅面宽度

输出幅面宽度表示照排机输出胶片的最大宽度，幅面越大，对照排机的精度要求也越高，价格就会成倍上升。国外的照排机用英寸（in）来表示，如12in、20in等。

（4）输出速度

输出速度是指激光照排机每分钟输送胶片的长度，用毫米/分（mm/min）或英寸/分（in/min）表示。使用单张胶片的照排机，输出速度有时用每照排一张胶片需要的时间，或者一小时内照排完成胶片的数量来表示。照排机只是一个输出记录设备，机器说明书上标定的输出速度可以认为是最快输出速度，与实际工作速度有很大距离，这一点和激光印字机的道理相似。实际应用中，照排输出要受系统处理速度的限制，特别是受栅格图像处理器RIP工作速度和数据传送速度的制约。

（5）扫描方式

照排机的扫描方式主要有转镜式、振镜式、外鼓扫描式和内鼓扫描式四种。

（6）扫描光束

照排机在胶片上扫描曝光时，采用多束激光束同时进行扫描。光束多，工作效率就高。目前国内最成熟的是四路或八路激光束同时进行扫描。

（7）激光光源

照排机的激光光源，目前有氦-氖（He-Ne）气体激光器、氩离子激光器和半导体激光器。氦氖激光器发出的波长为632.8nm，波长稳定，光束的发散角小，使用寿命长，照排胶片上的光点质量好。氩离子激光器发出的波长为480nm，光束的发散角较小，发光功率强，使用寿命长，照排胶片上的光点质量好。但氩离子激光器体积大，光路系统复杂，需要使用声光调制器、冷却系统和复杂的控制电路。半导体二极管激光器发出的光谱为650~680nm，体积小，控制简单，利用它的高速开关特性，不需要声光调制器装置，大大简化了光路结构和控制电路，与气体激光器相比较，在功率的稳定性、光束发散角等方面要差很多，目前国内，氦-氖（He-Ne）气体激光器应用是主流，可以很好地与国产的胶片（如华光）、进口胶片（如柯达、柯尼卡）匹配，生产优质的制版胶片。

（8）记录光点直径

照排中是以点阵成型的方式实现扫描，激光照排机的记录光点与照排质量有很大关系，记录光点的直径要和照排机的分辨率相匹配。通常照排机的分辨率是可调的，记录光点的大小会随分辨率而自动变化。现在普遍是由电脑控制精度自动切换，自动聚焦。

三、胶片的质量检查

胶片在印刷中起承上启下的作用，是印刷中不可缺少的一个环节。在传统印刷流程中没有胶片就无法晒版，无法完成印刷。

1. 检查胶片的目的

胶片质量影响因素有软件RIP的完美程度和制作人员的工作经验，以及发排人员的工作经验。制作人员和发排人员对使用软件的了解程度就决定了输出的胶片能否正常上机印刷，这其中出错率非常高，所以检查胶片是每一个印刷公司和印前公司必须要做的。检查胶片的目的是为了杜绝在印刷加工过程中出现的各种不利因素或避免可能发生的一些印刷工艺错误。

2. 胶片检查的工具

胶片检查常用工具有：放大镜、密度计、刻度尺、灰梯尺、标准色谱、网点角度尺等。

（1）放大镜

如图3-51所示，印刷常用的放大镜主要是用于观察印品的网点分布、疏密，以及网点的形状。另外就是观察印刷品有无龟纹，套色是否准确，CMYK四种颜色是否有错版、拉花等现象，使用放大镜可以看得更加准确。

（a）折叠放大镜　　　　　　　（b）笔式放大镜　　　　　　（c）读数显微镜

图3-51　印刷用放大镜

（2）密度计

在印前部门，密度计应用主要包括有以下几个方面：

① 检查原稿的密度，有助于确定曝光量。

② 测量分色片的密度，检测分色片的质量，并校对及线性化照排机。

③ 分析打样样张的特性，有助于控制颜色和色调复制的变化因素。

④ 制版车间对于原版和印版质量的检查，可测量密度值、网点面积率等。

（3）刻度尺

检查胶片尺寸。根据工作单检查胶片尺寸是否与要求相同，输出胶片时应当把所有中线、套合线、裁切线全部加上。如果有样张，就按成品要求做好工艺样张。如果没有样张，按成品尺寸要求检查尺寸。每一相关尺寸必须逐项检查。如果是手提袋、封套或药盒等非正规尺寸要求，更要仔细检查有无粘口、折口、盒底、出血、白边留得够不够等。最后检查胶片尺寸加上叼口尺寸能否正常印刷（大翻身版两边各加叼口13mm，如果纸张不允许，则要晒两套版）。

（4）灰梯尺

图像分色过程中使用的灰梯尺为连续调灰梯尺，如图3-52所示，是衡量分色片阶调的检测工具。每批PS版进厂后都要用灰梯尺晒版，以试验出理想的曝光量和曝光时间，便于晒版的标准化管理。

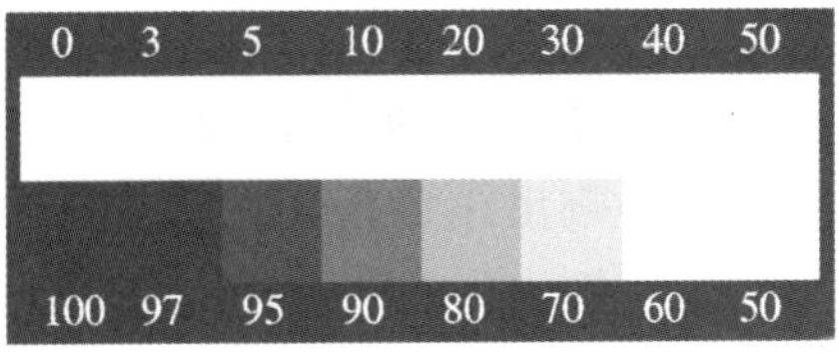

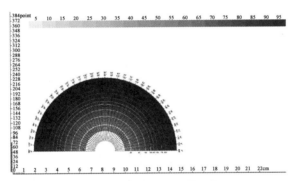

图3-52　灰梯尺

（5）网目角度与加网线数测量工具

用网目角度测量工具可以测量分色底片的网线角度。以人物为主时，Y—0°、C—15°、M—45°、K—75°；以室外风景为主时，Y—0°、K—15°、C—45°、M—75°；单色印刷网目角度为45°。检查时，如果其中有相同网目角度者，必须给予修正，否则在印刷的图像上出现干扰图像的龟纹，如图3-53所示。

图3-53　加网角度测量工具

用加网线数测量工具可以测量分色底片的加网线数，从而使得胶片的加网线数满足原稿的要求，如图3-54所示。

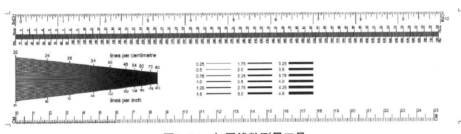

图3-54　加网线数测量工具

3. 胶片的质量检验标准

① 实地密度与灰雾度。它是衡量胶片质量的基础。灰雾就是指空白胶片的绝对密度，即将密度计绝对清零（对空清零）后所测空白胶片的密度，灰雾值≤0.03的胶片为优，0.03~0.07之间均为合格。所谓实地密度是指大实地块的密度值，必须保证其密度值在3.8~4.2之间才能保证印刷品的色彩饱和又不会使暗调层次并级。

② 线性化数值。它是衡量胶片质量的主要因素。一般应保证胶片灰梯尺上的标示数值与测量数值相差≤2为合格。

③ 网点形状、网角及加网线数。网点要求圆滑、饱满、清晰、不发虚；网角符合标

准，一般单色45°，四色差30°；加网线数适合印刷介质（如：新闻纸不高于120lpi，铜版纸不低于133lpi）。

④ 曝光后的药膜质量。这是最后一道关，也是最容易被人忽略的一个因素。胶片上的实地应保证没有砂眼，药膜无划伤，无油迹，无定影未除掉的"白点"。

4. 影响出片质量的因素

① 控制出片的质量要从原稿开始，因为原稿质量的高低决定了照排机出片的优劣。

② 照排机输出分色片时，激光照排机的任一小问题都有可能造成胶片的浪费和出片效率的降低，还可能导致分色片底灰过大、密度不足、版面不均匀、实地不实、层次丢失、绝网、糊版等质量问题。因此，要确保激光照排机处于绝对正常且良好的工作状态，需要对激光照排机进行定期检查。

③ 冲片机的药液浓度与温度是否正常。要根据分色片和药液的性能设置显影、定影的参数值，定期用测试条和梯尺进行测试，同时做好冲片设备的日常清洗、保养工作，并及时地更换、补充显影液、定影液，防止沉淀物使分色片带脏。

a. 其他条件不变，显影液的浓度越高，温度越高，则分色片的实地密度越高，需要根据产品说明来配置显影液。

b. 其他条件不变，显影温度设定过高会使显影液因蒸发、氧化速度过快而失效，造成分色片灰雾度过高，同时高密度达不到要求。

c. 其他条件不变，定影液浓度越高，温度越高，分色片片基灰雾度越低。

此外，为保证分色片冲洗的质量，在显影及定影过程中，药液要搅拌均匀，不要因药液没有搅拌好而出现分色片密度不均匀的情况。最后，要注意及时地更换补充显影液、定影液。

④ 由于胶片本身质量不好，性能不稳定，就会引起药膜脱落，出现掉字、掉网。有的胶片在生产中划伤、蹭伤，曝光显影后出现黑线。不同批号、批次的胶片感光度不同，伸缩不一样，导致所出胶片文字密度不一致、有粗有细，多色胶片出现套印不准。

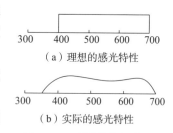

（a）理想的感光特性

（b）实际的感光特性

图3-55 理想胶片与实际胶片的感光特性

胶片是通过照排机将图文信息记录在感光胶片上，因此感光胶片的光谱响应特性对出片有直接影响。理想的胶片，应该在可见光谱范围内有相同的感光特性，其感光曲线如图3-55（a）所示。其实际感光曲线如图3-55（b）所示，它的感光范围为330~700nm，基本上包括了全部可见光的波长范围，但是对绿光的感光性稍差。

项目1 发排前的准备工作

本项目主要以使用的杭州东信灵通电子实业公司的DX4800Ⅱ型全自动连线高精度激

光照排机为例，如图3-56所示。学习正式发排前的准备工作，操作流程如图3-57所示。

图3-56 东信DX4800Ⅱ型全自动连线高精度激光照排机

图3-57 操作流程

DX4800Ⅱ型为全自动连线高精度激光照排机，采用He-Ne激光器作为光源，声光调制器做扫描激光的控制开关，由计算机发送的图文信息经RIP处理后进入驱动电路控制声光调制器工作，被调制的衍射激光，经物镜聚焦在滚筒吸附的胶片上，滚筒高速旋转作纵向主扫描，光学记录系统作副扫描，两个扫描运动合成，实现将计算机内部处更换图形信息以点阵形式还原在胶片上。其主要性能指标如下。

① 照排幅面：457mm×635/355mm。

② 扫描方式：外滚筒式8路激光并行扫描。

③ 扫描线密度：1200/2400dpi，1500/3000dpi两组分辨率分别自动切换。

④ 行对齐精度：误差<0.01mm。

⑤ 滚筒转速：1500转/分。

⑥ 成像速率：1200dpi，（1.6±0.16）分/页；

1500dpi，（2±0.2）分/页；

2400dpi，（3.2±0.32）分/页；

3000dpi，（4±0.4）分/页。

⑦ 记录介质：卷装激光照排片（要求用硬法兰，大轴芯，药膜面朝外的卷装片，胶片宽度为457mm）。

⑧ 照排光源：波长为6328Å，输出光功率2~2.5mW，He-Ne激光。

⑨ 使用环境：明室。

一、实训目的

了解激光照排机正式发排前的准备工作。

二、实训内容

1. 输出文件的检查内容。

2. 安装胶片的正确方法。

3. 显影液和定影液的配比。

三、实训过程

实例文件	无		
视频教程	DVD\视频\模块三\任务二\项目1\发排前的准备工作		
视频长度	1分24秒	制作难度	★★★

1. 输出文件的检查

为确保输出无误，照排输出前对输出的文件进行检查是十分必要的。检查的内容一般包括以下几项：

① 尺寸和出血的检查。成品尺寸设定正确，需要进行出血印刷的设置了出血。

② 检查图像颜色模式和图像的分辨率。激光照排机输出分色片时，所有彩色图像的颜色模式应为CMYK模式，图像分辨率的设置应是输出加网线数的1.5~2倍。因此，输出前要仔细检查图像的颜色模式和分辨率。

③ 字体的检查。在文件中尽量不要使用少见的字体，如已使用，在CorelDRAW或Illustrator中先将文字转为曲线，这样可以避免因输出中心无此字体而造成输出错误的问题。

④ 陷印（补漏白）的检查。当页面内图案有两颜色相交重叠时，为避免印刷时产生漏白现象，应在颜色相交处设置陷印。检查时不要忘了这一项。PageMaker、CorelDRAW、Illustrator、InDesign、飞腾等软件中都有陷印设置，也可以在输出时在RIP中进行设置。需设置的主要参数是"陷印宽度"。取值大小与所采用的印刷工艺有关。一般胶印的陷印宽度为0.063~0.127mm，可根据印刷精度或客户要求而定。

⑤ 检查分色的情况，确认是四色还是带专色处理。设置颜色时不要将专色和印刷色混淆。对于四色印刷，一幅图像不管颜色多复杂，都只需输出C、M、Y、K四张分色片。但每种专色都要输出一张分色片，这时如若将四色搞错为专色，按专色输出，则有可能会输出十几张专色分色片。

2. 装片

片盒位于照排机前下方，如图3-58（a）所示，联机前需确保片盒内有胶片才能正常工作。如果是装新的一卷胶片，装片操作如下：

① 打开照排机中间带锁的盖子，如图3-58（b）所示。

② 拉出片盒箱，如图3-58（c）所示。

③ 拿出片盒，打开上片盒两侧的搭扣，取出上片盒的上盖，如图3-58（d）所示。

④ 装片。拿出装卷筒片的芯棒，松开芯棒左侧的锁紧螺母，取出该侧的压紧端盖。装片时，先确定药膜面的朝向（要求使用药膜面朝外的卷装片），当药膜面朝外时，在暗室条件下（如胶片可明室装片，则不需用暗室），取出整卷胶片，在卷筒胶片内芯处

放入连有端盖的芯棒，再在胶片的另一侧装上端盖，注意两侧的端盖要贴紧胶片两侧，但不要挤压过紧，以防送不出胶片，然后拧紧左侧的锁紧螺母，如图3-58（e）所示。

提示：每使用一定时期（约一个月），要定期清洁片盒，包括辊子、轴承等零件，检查片盒中的辊子，轴承是否转动正常等。

⑤ 将装有端盖的卷筒胶片放入片盒内，如图3-58（f）所示。将防曝光黑色纸或胶片（保证药膜面朝上送出）平直拖出片端3~5mm，再将片盒上盖盖上，注意要保持胶片平直不歪斜，不拱起，无褶皱，并用手稍微用力外拉一下片头的左右两端，以使胶片包紧不拱起、松弛，然后扣紧片盒两边的搭扣，逆时针转动片盒上的传动轮，送出防曝光黑色纸（请留置备用），露出胶片，用刀片将片头割齐，推进上片盒，上片盒右侧的齿轮应与送片齿轮啮合良好。至此，装片操作完毕，如图3-58（g）所示。

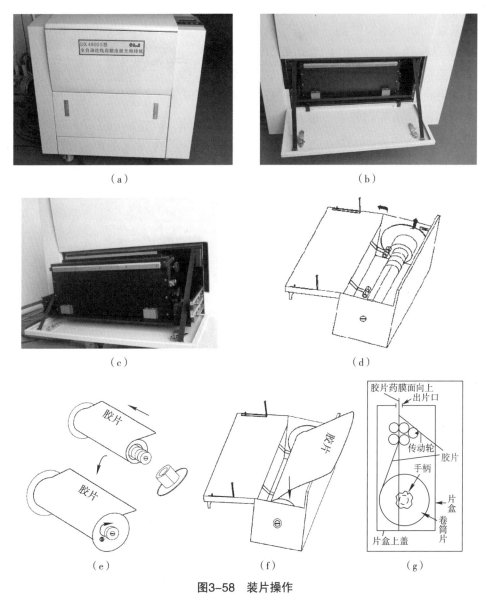

图3-58 装片操作

提示：本机配有的端盖要求用硬法兰，大轴芯的卷筒胶片；同时将装有端盖的卷筒胶片放入片盒内时，应使片盒右侧与手柄相连的小方块嵌入芯棒右端的凹槽。必要时逆时针用手转动手柄（要关电源操作），能将外露的胶片收回片盒中，逆时针转动传动轮能将胶片送到片盒外。每次将上片盒放到机器上时，要检查出片口，看胶片是否在出片口，如出片口看不见胶片，可逆时针转动片盒右侧面的齿轮传动轮，将胶片送到出片口，如果胶片不能送出，则需要到暗房重新装片。

⑥ 装好胶片后，就进入下一阶段——开机，并进入"设置"菜单，选择"清零"功能将胶片计数清零，这样，当胶片计数到约94（60米/0.635米=94张）时，就知道胶片可能快要用完了。

3. 显影、定影液的准备

准备胶片显影、定影所需要的显影液和定影液。如果用国产的显影液冲洗胶片，一般要将药液按1:4~1:3稀释，要注意显影温度过高会使显影液因蒸发、氧化速度过快而失效，造成胶片灰雾度过高，同时也使高密度达不到要求。推荐温度为34~36℃，定影时间为30~35s。

对于失效的显影液、定影液要及时地进行更换。如图3-59所示，为显影液、定影液的摆放位置。

图3-59 显影、定影液的摆放

案例练习

☆ 使用照排机的片盒，进行拆装胶片，并能进行显影、定影液的调配。

项目2 正式发排

所有准备工作就绪之后，就可以进行正式的发排了，以使用的杭州东信灵通电子实业公司的DX4800Ⅱ型全自动连线高精度激光照排机为例，学习如何将照排机、冲片机设置到相应的工作状态，激光照排机正式发排的操作流程如图3-60所示。

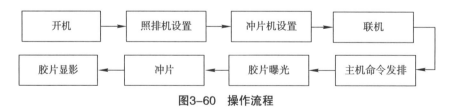

开机 → 照排机设置 → 冲片机设置 → 联机

胶片显影 ← 冲片 ← 胶片曝光 ← 主机命令发排

图3-60 操作流程

一、实训目的

掌握激光照排机正式发排。

二、实训内容

1. 照排机的设置。
2. 冲片机的设置。

三、实训过程

实例文件	无		
视频教程	DVD\视频\模块三\任务二\项目2\正式发排		
视频长度	2分18秒	制作难度	★★★★

1. 开机

在开机时，依次打开总电源、稳压器电源+UPS、冲片机（待红灯亮后）和照排机，让照排机预热15~30分钟，待照排机与冲片机稳定后，再运行RIP。

① 在打开冲片机主开关前，如图3-61所示，先打开清水注入水龙头，关闭排水阀，机器进入开机准备阶段：进行药液补充循环，自动注入清水，冲洗缸加温。在准备阶段不能冲洗胶片。当处于这一阶段或冲洗温度未达到时，显示屏幕上

图3-61 冲片机主电源开关

显示两个短横线"--"，显影温度指示灯闪烁。在开机准备阶段结束后，显影温度也不一定达到，在冲洗胶片前必须达到冲洗温度，请等候指示灯"--"熄灭后再开始工作。

② 照排机主电源开关及联机接口位于机器前右下方，如图3-62所示。机器的电源插头为三芯插头，开关为带暗绿色长方形指示灯船形开关。

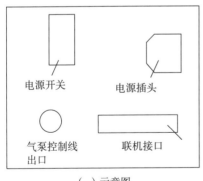

（a）示意图

（b）实物图

图3-62 照排机主电源开关及联机接口

提示：在关机时，依次关闭照排机、冲片机、稳压器电源+UPS和总电源。

2. 照排机设置

照排机操作平台位于机器前右方，由一液晶显示屏及四个按键组成，如图3-63所示。

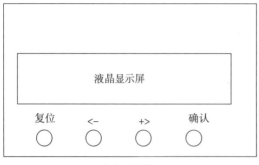 

（a）示意图 （b）实物图

图3-63 液晶显示屏

开机时，蜂鸣器会响一声，以示提醒，然后进入开机界面，如图3-64所示。

（a）示意图 （b）实物图

图3-64 开机界面

屏幕上半部分为状态栏，提示机器所处状态；下半部分为功能选择栏，变黑显示表示目前所作选择，按"确认"键，即确认选择键所选功能。

① 通过图3-63所示的液晶显示屏的选择功能"＋＞"键，选择"设置"功能，并确认，进入设置界面，如图3-65所示，该功能可设置光强，DPI，按"清零"即对已照排胶片数清零。

② 同样通过选择功能"＋＞"键，选择"DPI"功能，并确认，进入DPI设置子界面，如图3-66所示，选择分辨率为3000dpi，按"确认"键，开始转换到所选择的光学镜头，转换完毕，蜂鸣器响一声，返回到上一层菜单。

图3-65 设置功能界面

图3-66 DPI设置界面

照排机的其他设置均可采用默认。

3. 冲片机设置

冲片机经过自动显影、定影、水洗和烘干四个步骤冲洗胶片，如图3-67所示。

① 显影定影温度。通过冲片机操作面板的选择功能键，将显影定影温度设为32℃（根据不同胶片和药液可相应地设置不同显影定影温度），如图3-68所示。

图3-67 冲片机

图3-68 冲片机操作面板

② 运行时间。将运行时间（即从胶片片头进入冲洗机到完全出片所需时间）设为2min。

③ 烘干温度。将烘干温度设定为60℃，若设定过高则胶片变形；过低则水分未干，在胶片表面形成水渍，影响晒版。

④ 药液补充。将药液补充时间设为10s，补充量为500mL/m^2（需要根据胶片型号，药液和冲洗量设置补充量）。

提示：冲片机所有参数设置，需使冲片机在备用状态下，不能有胶片在运行中。

4. 联机

当照排机和冲片机都设置完成后，并且照排机预热完成、冲片机的显影定影温度达到要求，则选择"联机"功能，进入联机界面，如图3-69所示。

按确认键后，会显示"请发联机片……"字样，这时发联机照排片，机器即开始工作，联机工作流程是：

开始上片→开始启动→开始照排→照排结束→开始下片

图3-69 联机界面

一张照排片发好后，又会回到"请发联机片……"，这时，即可重新发第二张照排片。

5. 主机命令发排

返回到计算机上的PSPNT的"RIP作业显示"界面中，然后单击"已打印的作业"队列上方的"已停止"按钮使其转换为"运行中"，这样就可以将经过RIP处理的页面提交到激光照排机，经照排机的胶片曝光、冲片机的显影和定影之后，胶片发排工作就结束了。

案例练习

☆ 依据所学能进行照排机和冲片机设置，并能使用照排机输出合格的胶片。

项目3 胶片检查与质量控制

为了保证制版及印刷质量，使用激光照排机输出胶片之后，需要对胶片进行质量检查，以确保胶片能满足印刷要求，胶片检查的操作流程如图3-70所示。

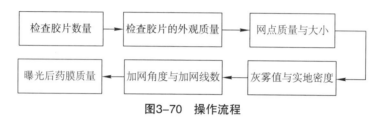

图3-70 操作流程

一、实训目的

掌握胶片检查的方法。

二、实训内容

1. 胶片检查的内容。
2. 胶片质量控制。

三、实训过程

实例文件	无	
视频教程	DVD\视频\模块三\任务二\项目3\胶片检查与质量控制	
视频长度	2分04秒	制作难度 ★★★

1. 检查胶片数量

拿到胶片后首先要确认胶片数量是否和使用要求相一致，一般包括单色片、四色片、专色片等。

2. 检查胶片的外观质量

胶片数量确认无误后就要对胶片进行外观质量检查，如图3-71所示，胶片的外观质量检查包括胶片有无蹭脏划痕、版面文字图案是否正确完整、胶片的套准精度、色标是否完全和检查胶片尺寸等。

（1）有无蹭脏划痕

利用目光扫射整张胶片，注意观察胶片的表面。这可能是由冲片药水和冲片机的滚轴带有颗粒等杂质造成的，若有这样的情况出现，则需要清洗机器，并重新出胶片。

（2）版面文字图案是否正确完整

检查方法是对照原文件先看图片是否缺少、是否空白或图形走样，再看文字块部分是否有丢失文字现象。

（3）检查套准精度

在胶片冲片完成后要将胶片烘干，这时如果受到一些外力影响，可能造成胶片拉伸或轻微变形，导致印刷套版不准，在校对的时候，可先将其中一色胶片平放（最好是用透明胶带将四周固定）在观察台上，再将另外3色胶片分别覆盖于该胶片上，然后打开底灯查看四角角线是否完全吻合，如图3-72所示；或将四色胶片重叠，然后拿起对着光线观察四角角线。

图3-71　胶片外观质量检查

图3-72　检查套准精度

（4）色标是否完全

检查方法就是观察胶片的四边是否带有晒版和印刷必须的规矩线和色标，图3-73所示为版面常见规矩线。

（5）检查胶片尺寸

根据工作单检查胶片尺寸是否和要求相同，输出胶片时应当把所有中线、套合线、裁切线全部加上。如果有样张，就按成品要求做好工艺样张；如果没有样张，按成品尺寸要求检查尺寸，每一相关尺寸必须逐项检查，如图3-74所示。如果是手提袋、封套或药盒等非正规尺寸要求，更要仔细检查有无粘口、折

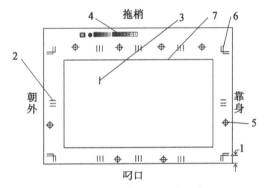

图3-73　版面常见规矩线示意图

1-叼口尺寸；2-折叠线；3-折标（书刊产品装订配页标记）；4-色标；5-套准线（十字线）；6-裁切线；7-内图文尺寸

口、盒底、出血、白边留得够不够等。最后检查胶片尺寸加上叼口尺寸能否正常印刷。

图3-74　胶片尺寸检查

图3-75　网点质量的检查

3. 网点质量与大小

利用50倍的放大镜观察胶片上的网点，如图3-75所示，要求网点均匀、光洁、边缘清晰，没有网点变形。

把透射密度计调到测量网点大小这一档，利用它分别测量胶片上灰梯尺的网点大小，一般要求胶片上的网点要比实际网点小一些。

4. 灰雾值与实地密度

把透射密度计调到测量密度档，利用它分别测量胶片空白部分和实地的密度，必须保证其灰雾度要小于1，其中灰雾值≤0.03的胶片为优，0.03~0.07之间均为合格；实地密度值在3.8~4.2之间。

5. 挂网角度与挂网线数

用挂网角度测量工具可以测量胶片的挂网角度。一般情况下，常用的挂网角度为0°（90°）、15°、45°、75°。如果网线上有两色版网线角度一致，则肯定出现龟纹，必须改变网线角度。

用挂网角度测量工具也可以检查胶片的挂网线数是否满足稿件需要。胶版纸印刷一般为150~175lpi，新闻纸一般在133lpi以下，铜版纸一般在175lpi以上，高档印刷纸一般为200lpi。

6. 曝光后药膜质量

通过目测观察胶片药膜面的质量，要求胶片上实地部分没有砂眼，药膜无划伤、无油迹、无定影未除掉的"白点"，才能说是一张质量过关的胶片。

案 例 练 习

☆ 能在所给的胶片中找出问题胶片，能指出问题胶片存在的缺陷。

思 考 题

1. 胶片输出有哪些常见的故障？

2. 如何安排挂网角度？

3. 内滚筒式照排机的结构和工作原理要点是什么？

4. 在照排输出过程中应注意哪些问题？

5. 如何在Adobe Illustrator、Adobe InDesign中输出四色分色图？

6. 对输出的分色片怎样进行质量检查？

7. RIP在印前处理中有哪些重要作用？

8. 激光照排机的主要性能指标有哪些？

模块 ④

拼版与晒版实训

　　拼版是将页面所需要的元素（图像、图形、文字等）按照版式设计的要求组成规定页面的工艺过程。拼版方法按工艺的不同可分为拼小版和拼大版两种。拼小版是指将页面三要素：图像、图形、文字按照版式设计的要求编排在某一固定规格的页面上的工艺过程；拼大版是将印前制作的各个单页按印刷机的印刷幅面和成品折页的要求进行组合的工作，涉及从排版、制版、印刷到印后加工整个生产流程。

　　晒版是制版和印刷的桥梁，它是将经过印前输入、处理，最终输出在印刷胶片上的图文信息转移到印版上的过程，这一过程通常是在晒版机上完成。

任务一　　手工拼版

任务二　　拼大版软件

任务三　　晒版

任务一
手 工 拼 版

实 训 指 导

在实际生产中，照排输出后的胶片尺寸有时会比实际印刷机幅面的尺寸小，用小尺寸的胶片晒成小尺寸的印版，在大幅面的印刷机上印刷是不经济的，因此，需要把小尺寸的胶片拼组成符合实际印刷机要求的幅面。虽然拼大版软件技术已经很成熟了，品牌品种也多，但是还有不少的印刷企业依然在采用手工拼版的方式。

一、较少页面时的拼版安排

通常书刊封面、单张宣传单、折页宣传单等这种页面较少，又需要正反面印刷的样本采用同样的拼版方式，这种拼版方式称为自翻版。

所谓自翻版，是将印刷品的正反面内容拼在一套印版上，用一套印版在纸张上印刷。分为左右翻转、上下翻转。左右翻转是将纸张横向翻面，不换叼口，原侧规变成反侧规。上下翻转是将纸张竖向翻面，不换侧规，原天头变成叼口，原叼口变成天头，如图4-1和图4-2所示。

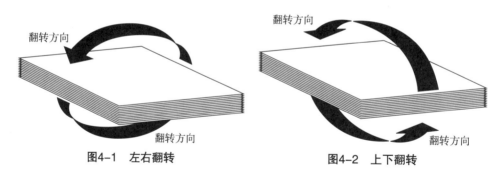

图4-1　左右翻转　　　　　　　图4-2　上下翻转

例如，某杂志封面，成品尺寸为210mm×285mm，用4开印刷机印刷，印刷数量2万，印刷厂采用了将封面、封底作为正面，封二、封三作为反面的办法，输出了两套胶片，如图4-3和图4-4所示。

想一想　采用这样的印刷方法是否为最佳方案？

案例中所列举的方法不是最佳方案，这样的办法需要两套印版分别印刷正反面，印工费、制版费都要增加，而且在印刷机上要装版两次，需要重新校版、调墨，影响生产效率。显然这种拼版安排不合适。合理的拼版方法是将封面、封底、封二、封三拼成左右自翻版，如图4-5所示。

图4-3　正面

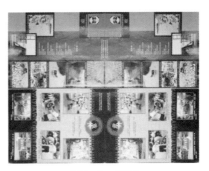

图4-4　反面

印刷时，先印刷纸张的一面，等待一段时间，待油墨比较干燥后，将纸张从右至左翻转，然后在纸张的另一面上印刷，侧规换成向外的反侧规，叼口位置不变。

二、较多页面时的拼版安排

书芯因为页面较多，并具有一定的规律性，所以在进行拼版时，要从以下两方面去考虑拼版安排。

1. 印刷效果

图4-5　拼版示意图

在书刊内文设计时，经常会在天头或地脚处设计一些标志性的色块或图文，在拼版时如果不去考虑页面内容，简单地采用一种拼版方式的话，会导致重要色块或图文印刷后出现较大的色彩偏差。因为印刷工艺的影响，纸张的拖梢处在印刷过程中会出现变形，若重要色块或图文正好在拖梢处时势必导致色彩偏差。

拼版时，应根据页面图文内容及印刷要求来决定，是采用头对头还是脚对脚的方式。

① 不同页面上天头的相同位置，若有相同的色块适合头对头式，如图4-6所示。

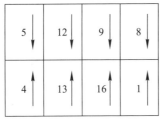

（a）正面

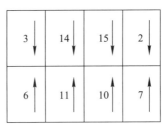

（b）反面

图4-6　头对头拼版

② 不同页面上地脚的相同位置，若有相同的色块适合脚对脚式，如图4-7所示。

2. 装订方式

目前，常用的装订方式是骑马订、锁线胶订、无线胶订，而锁线胶订和无线胶订也可以统称为平订。

① 使用平订时，各个书帖是平行叠放在一起的装订方式，如图4-8所示。

② 使用骑马订时，是将各个书帖嵌套在一起的装订方式，如图4-9所示。

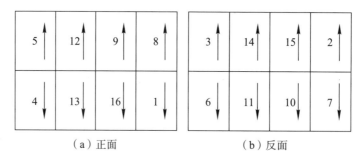

（a）正面　　　　　　　　（b）反面

图4-7　脚对脚拼版

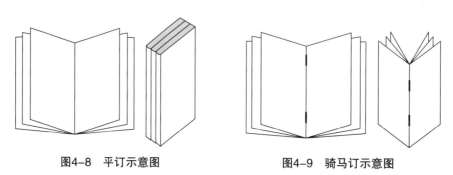

图4-8　平订示意图　　　　　图4-9　骑马订示意图

若拼版条件（帖数、页码数、头对头或脚对脚）相同时，装订方式不同，在页码的安排上也会有所不同。

例如：2个书帖，32个页码，采用头对头拼版。

平订页码安排如图4-10所示。

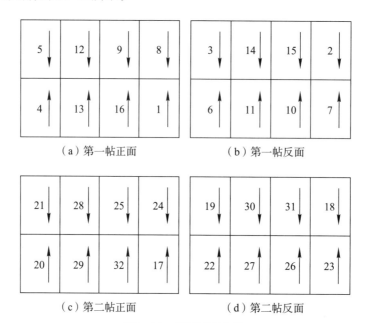

（a）第一帖正面　　　　　　（b）第一帖反面

（c）第二帖正面　　　　　　（d）第二帖反面

图4-10　平订页码安排

骑马订页码安排如图4-11所示。

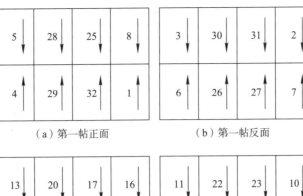

（a）第一帖正面　　　　　　　　　（b）第一帖反面

（c）第二帖正面　　　　　　　　　（d）第二帖反面

图4-11　骑马订页码安排

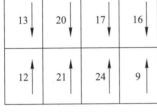

项目1　单页正反面印刷的拼版

本次任务主要完成《中国商贸》杂志封面的拼版，如图4-12所示。成品尺寸为118mm×180mm，书背厚度为4mm，印刷用纸为8开（270mm×390mm），使用自翻版的拼版方式。

（a）封面和封底

（b）封二和封三

图4-12　《中国商贸》杂志封面

手工拼版操作流程如图4-13所示。

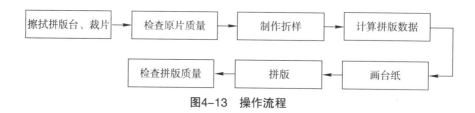

图4-13　操作流程

一、实训目的

掌握单页正反面印刷的拼版技巧。

二、实训内容

1. 制作单页折样的方法。
2. 计算单页拼版数据。
3. 画台纸。
4. 拼版技巧。

三、实训过程

实例文件	无		
视频教程	DVD\视频\模块四\任务一\项目1\单页正反面印刷的拼版		
视频长度	12分43秒	制作难度	★★★★

1. 擦拭拼版台、裁片

使用稀释酒精对拼版台进行仔细的擦拭，保证拼版台上没有灰尘或污物，否则会弄脏胶片，影响印版质量，如图4-14所示。

照排机输出胶片时，每个色之间或每套胶片之间中途是不分切的，在拼版前还要裁剪胶片。裁剪时，药膜面向上，防止划伤药膜面，影响印版质量，裁剪口要整齐，如图4-15所示。

图4-14　擦拭拼版台

图4-15　裁剪胶片

2. 检查原片质量

① 因为采用的阳图PS版，则要求胶片的药膜片的图文都应该是反方向的。

② 胶片无明显的划痕、折痕、脏点。

③ 按照施工单上的胶片数量进行清点。

3. 制作折样

① 取一张空白纸张。

② 根据自翻版的要求（正反面要拼组在同一个面上），画好拼版顺序。

因为版面比较简单，采用左右翻和上下翻都可以，尽量采用左右翻，因为左右翻避免了天头地脚颠倒之后，尺寸计算过于烦琐的问题，如图4-16所示。

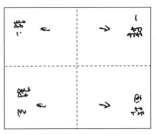

图4-16　折样示意图

4. 计算拼版数据

在折样上把各个尺寸都标注好，并计算出来，看印刷用纸是否符合节约、经济的原则，如图4-17所示。

X方向：180mm+180mm +6mm（出血）+6mm（出血）+6mm（标识）=378mm

印刷用纸的宽度为390mm，符合节约、经济的原则。

Y方向：2mm（拖梢）+6（出血）mm+6mm（标识）+118mm+4mm+118mm+10mm（叼口）=264 mm

印刷用纸的宽度为270mm，符合节约、经济的原则。

5. 画台纸

① 在叼口位置画一条横的毛尺寸线，距纸边10mm。

② 画出横中线和纵中线。

③ 把其余三条总毛尺寸线画出。

④ 若使用胶印阳图PS版则需反向拼版，要考虑折页规矩和印刷规矩的一致。

经上述四个步骤，最终台纸效果如图4-18所示。

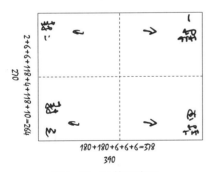

图4-17　计算示意图

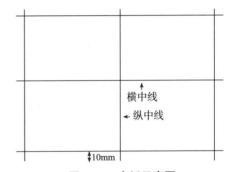

图4-18　台纸示意图

6. 拼版

① 拼版时，把毫米格衬在最下面，把台纸反向在上，用透明胶带纸贴牢，并在台纸上放置白片基，用透明胶带纸贴牢，如图4-19所示。

② 按折样放置好原片，放置时要求反字、反图像、反折手，如图4-20所示。

③ 在四色原片中找出一个最清楚的色版，作为基础版，拼贴在最下方。粘贴透明胶带时，不能贴在图文部分，要求距离图文部分7mm以上，如图4-21所示。

④ 拼贴好了以后，还要加上印刷时要使用到的一些标识，如角线、套准线、书名、色标、梯尺等，如图4-22所示。

⑤ 再把其余的三色原片通过套准线拼贴在一起。

图4-19 放置台纸

图4-20 原片反字、反图像、反折手

图4-21 粘贴原片

图4-22 印刷用标识

7. 检查拼版质量

① 检查拼版顺序是否正确。

② 有无歪斜或缺漏现象。

③ 尺寸和规矩线是否正确。

④ 相邻原片不能重叠。

案 例 练 习

☆ 使用所提供的图片素材（DVD\练习\模块四\任务一\项目1\自翻版），进行自翻版的制作。成品是三折页，拉开后的尺寸为570mm×135mm，印刷用纸为889mm×1194mm，由于该例子为三联构成，无法拼成左右自翻版，只能拼成上下自翻版。想一想，可以考虑几种拼版方法？并画出拼版示意图。

项目2 书芯正反面印刷的拼版

本次任务主要完成《2007年中国国际全印展技术发展报告》书芯内文的拼版。成品尺寸为188mm×250mm，页码总数为32页，骑马订，印刷用纸为对开（540mm×780mm），使用自翻版的拼版方式，其操作流程如图4-23所示。

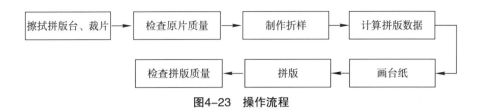

图4-23 操作流程

一、实训目的

掌握书芯正反面印刷的拼版技巧。

二、实训内容

1. 制作书芯折样的方法。

2. 计算书芯拼版数据。

3. 画台纸。

4. 拼版。

三、实训过程

实例文件	无		
视频教程	DVD\视频\模块四\任务一\项目2\书芯正反面印刷的拼版		
视频长度	12分15秒	制作难度	★★★★

1. 擦拭拼版台、裁片

拼版之前，需要进行擦拭拼版台及裁片，具体操作可参见本书模块四实训项目1单页正反面印刷的拼版中所述内容。

2. 检查原片质量

① 因为采用的阳图PS版，则要求胶片的药膜片的图文都应该是反方向的。

② 胶片无明显的划痕、折痕、脏点。

③ 按照施工单上的胶片数量进行清点。

3. 制作折样

① 取两张空白纸张。

② 根据折页机的折页方式，垂直交叉折三次，正反面共折出16个面，可以放置16个页面。

③ 根据骑马订工艺和印刷工艺特点，采用头对头拼版，并写好每页的页码，如图4-24所示。

4. 计算拼版数据

在折样上把各个尺寸都标注好，并计算出来，看印刷用纸是否符合节约、经济的原则，如图4-25所示。

X方向：188 mm×4+6 mm（出血）+6 mm（出血）+6 mm（标识）=770mm

印刷用纸的宽度为780mm，符合节约、经济的原则。

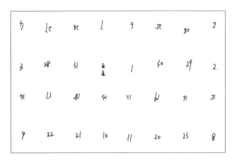

图4-24 折样示意图

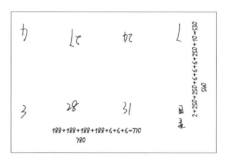

图4-25 计算示意图

Y方向：2mm（拖梢）+6（出血）mm+6mm（标识）+6（出血）mm +250mm+250mm+10mm（叼口）=530mm

印刷用纸的宽度为540mm，符合节约、经济的原则。

5. 画台纸

① 在叼口位置画一条横的毛尺寸线，距纸边10mm。

② 画出横中线和纵中线。

③ 把其余三条总毛尺寸线画出。

④ 画出版心位置。

⑤ 若使用胶印阳图PS版则需反向拼版，要考虑折页规矩和印刷规矩的一致。

经上述5个步骤，台纸示意图如图4-26所示。

6. 拼版

① 拼版时，把毫米格衬在最下面，把台纸反向在上，用透明胶带纸贴牢，并在台纸上放置白片基，用透明胶带纸贴牢，如图4-27所示。

② 按折样放置好原片，放置时要求要反字、反图像、反折手，如图4-28所示。

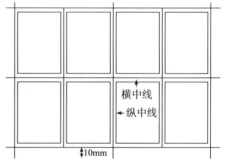

图4-26 台纸示意图

图4-27 放置台纸

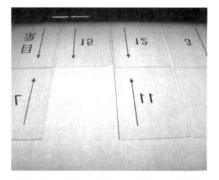

图4-28 原片反字、反图像、反折手

③ 按折样逐页拼版，粘贴透明胶带时，不能贴在图文部分，要求距离图文部分7mm以上，如图4-29所示。

④ 拼贴好了以后，还要加上印刷时要使用到的一些标识，如角线、套准线、书名、

贴标等，如图4-30所示。

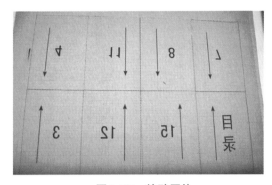

图4-29　粘贴原片

图4-30　印刷用标识

7. 检查拼版质量

① 检查拼版顺序是否正确。

② 有无歪斜或缺漏现象。

③ 尺寸和规矩线是否正确。

④ 相邻原片不能重叠。

案例练习

☆ 依据所学能进行套帖的拼版。成品为210mm×290mm，印刷用纸889mm×1194mm，骑马订，书芯64个页码，请画出拼版示意图。

☆ 依据所学能进行叠帖的拼版。成品为210mm×290mm，印刷用纸889mm×1194mm，无线胶订，书芯64个页码，请画出拼版示意图。

任务二

拼大版软件

实训指导

在印刷制版领域，传统的折手和拼大版工作量大、效率低，存在大量重复劳动，计算机拼版技术使拼大版工作变得轻松，它的便捷完全改变了传统拼版工作方式。自动拼大版是数字化工作流程的重要组成部分，各厂家和软件公司的拼大版软件也日益增多。

一、计算机拼大版技术的特点

计算机拼大版，顾名思义就是使用计算机把许多小页面拼成一张印刷用版。拼大版在印刷中的作用就是确定最合理的印刷方式，提供正确折页的印张，同时还可以节省材料、缩短印刷时间。传统手工拼版对操作人员的要求很高，操作者需要知道印刷所用纸张大小，装订类型，折页、出血、裁切尺寸和裁切标记，十字线和彩色控制条以及爬移调整等诸多参数。现在采用计算机拼大版，情况就大为改观了，它的主要优势有：

① 简化工艺流程，提高自动化程度，代替更多的手工操作，降低对操作人员的要求。

② 缩短制作时间和准备时间。由于计算机拼版的速度大大超过人工拼版的速度，原来需要拼一天的文件现在一个小时即可完成。

③ 降低原材料浪费。在减少设置和准备时间的同时，减少了调整时的材料浪费，降低了生产成本。由于手工拼版的错误率较高，常常在晒完PS版后发现拼版有错，导致更多材料的浪费，计算机拼版则很少存在这些问题。

④ 提高产品的可靠性和一致性。由于交给印刷厂的文件是已经拼完版的，可以保证在不同时间和地区加工的产品质量保持一致，提高了印刷品质量的稳定性。

⑤ 提高产品质量，减少错误。由于拼大版是在出片前由计算机完成的，不存在套准和误差问题，有效地提高了产品质量。

二、计算机拼大版技术的分类

从计算机拼大版的主要用途来看，主要有折手拼和自由拼两种方式。

① 折手拼。折手拼主要用于样本、书籍、画册等需要折页的印刷品。这种拼版的过程比较复杂，需要操作人员对印刷和印后加工有一定的专业知识，如印刷纸张尺寸与定量、印刷和折页的方式等。

② 自由拼。自由拼则以节省材料（胶片）为目的，拼版方式较为简单，主要就是将不同尺寸的不同文件拼在一起，使胶片的有效使用面积最大。但对在同一机台上印刷的文件组版时也需要对印刷方式有一定的了解。

从拼大版和RIP的关系上看，可分为RIP前拼版和RIP后拼版两种方式。

① RIP前拼版：首先制作好折手图样，再按照折手图样在排版软件中手工拼组出与印刷幅面大小一致的页面，再送去RIP，这种拼版比较容易出错并且工作量大，如图4-31所示。

图4-31　RIP前拼版示意图

② RIP后拼版：先RIP页面，再拼大版，适合于包装、标签类印刷。这一工作流程将最后文件的修改方式加以简化。若发现某页面中含有一个排印错误，只需在修正错误后，再将这一页面重新RIP一次，替换掉原来错误之处即可，这比将整个大版重做RIP

要省事得多，如图4-32所示。

图4-32　RIP后拼版示意图

项目1　方正文合3.0的使用

《方正文合用户手册》共120面，成品尺寸为190mm×230mm，安排在对开机上印刷，叼口尺寸为32mm，叼牙叼纸尺寸为12mm，折页方式为垂直交叉折页，装订方式为胶订，铣背厚度为3mm。根据上述要求在方正文合3.0中制作拼版所需的折手。

经分析，《方正文合用户手册》的前112面采用整套双面印刷，最后8面采用自翻版印刷，方正文合3.0的操作流程如图4-33所示。

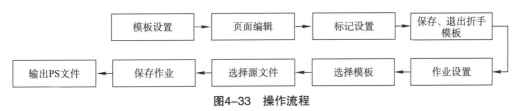

图4-33　操作流程

一、实训目的

掌握方正文合3.0的使用。

二、实训内容

1. 新建拼版模板。

2. 进行拼版页面的编辑。

3. 拼版作业的设置。

4. 输出PS文件。

三、实训过程

实例文件	DVD\实例效果文件\模块四\任务二\项目1\PS源文件		
视频教程	DVD\视频\模块四\任务二\项目1\方正文合3.0的使用		
视频长度	19分55秒	制作难度	★★★★★

（一）方正文合套版（整帖）拼版

1. 套版（整帖）模板制作

（1）新建折手模板

在"开始"菜单中"程序"的"Founder"的"Joint 3.0"中找到折手快捷方式图标

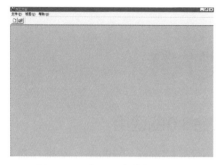，单击启动折手软件或双击桌面图标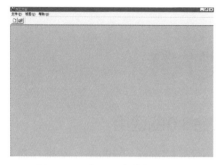启动折手软件，进入方正文合的操作界面，如图4-34所示。打开"新建"对话框，如图4-35所示；选中"折手模板"按钮，则弹出"模板设置"对话框。

图4-34　方正文合的操作界面

图4-35　"新建"对话框

提示：如果以前制作过折手模板，可将过去的模板打开，直接使用或在原来的基础上进行修改，如果没有，则要重新制作。

根据分析，首先选择确定印刷方式为双面印刷；其次确定印刷方向，一般是选择纵向；然后是设定小页布局，即小页的行数和列数，这一设置是根据小页的成品尺寸和大版的尺寸决定的；还要设定页边空，最后完成设置，如图4-36所示，设置完成后单击确定即可获得如图4-37所示的正背面折手。

图4-36　模板设置对话框

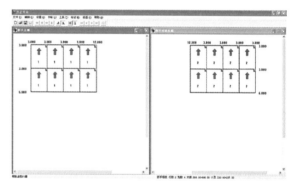

图4-37　折手正面和折手反面

其中，布局采用2行4列；小页成品尺寸的宽度和高度分别为190mm、230mm。

大版尺寸的宽度 =4×（190+3+3）+15+15=814mm

大版尺寸的高度 =2×（230+3+3）+20+20=512mm

（2）页面编辑

图4-37所示为"折手正面和折手反面"窗口，是默认设置，显然不符合一般的拼版要求，需要修改。

① 修改小页方向，如图4-38所示。在"折手正面"或"折手反面"的窗口中，选中要修改的小页，使颜色变黄处于激活状态。用鼠标选中折手主菜单"编辑/页面向下"命令（或单击图标 或通过单击鼠标右键），即可改变小页的页面方向。此时，会

看到小页的方向已经改变，且与其相对应的"折手反面"或"折手正面"的小页方向也改变。

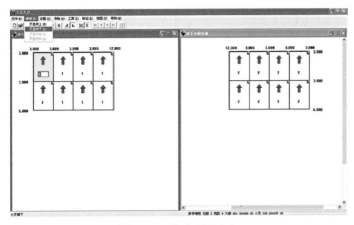

图4-38 修改小页方向

修改完毕，只需在界面任意处单击鼠标即可结束修改工作。依此类推改变所有上排页面方向，所有小页变成头对头。

② 修改切口值，在"折手正面"或"折手反面"的窗口中，选中要修改的切口值，则出现一个文本框，输入所需的切口值，修改后的结果如图4-39所示。

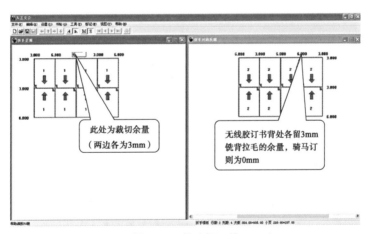

图4-39 修改切口值

③ 修改小页页码。首先根据生产中所用的折页机的折页顺序，做一个折样，页码顺序只要从1到16即可。然后在图4-40的"折手正面"或"折手反面"的窗口中，用鼠标左键选中所要修改的小页，当小页被激活（颜色为黄色）且出现一文本框时，即按照折样上的页码输入选中位置的页码。修改完成后的正背折手如图4-41所示。

（3）标记设置

首先选择主菜单"工具"的下拉菜单"切换到标记方式"或单击工具条中的 M 键，由页面编辑方式变为标记方式，这样就可以加标记了，如图4-42所示。

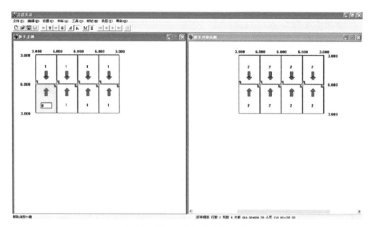

图4-40　修改小页页码

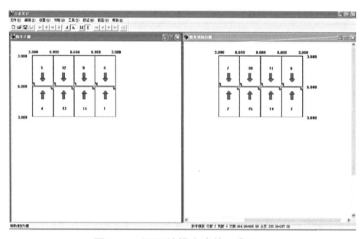

图4-41　页面编辑完成的正背折手

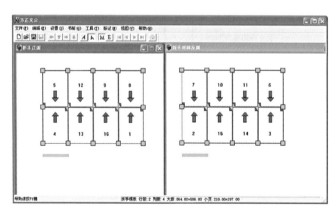

图4-42　页面标记设置

用鼠标单击位于大版中任意一个"标记位置"，使之变黄处于激活状态，再单击右键或从"标记"菜单中选择需要的标记，如图4-43（a）、（b）所示。同样，若需要添加注释信息和测试条也可在"标记"菜单中添加，如图4-43（c）、（d）所示。图4-44为加上"标记"后的页面视图。

（a）裁切标记设置

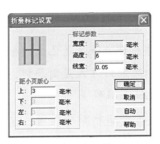

（b）折叠标记设置

（c）注释信息

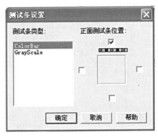

（d）测试条设置

图4-43 页面标记设置对话框

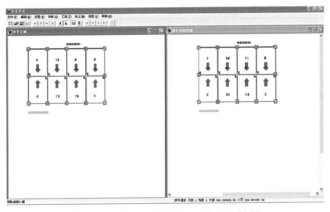

图4-44 加上"标记"后的页面视图

（4）保存模板

当用户设置好所需的模板后，即可通过"文件/存储模板"或"另存模板"命令将模板以《方正文合用户手册》拼版模板1"的名称来保存，如图4-45所示。保存模板后，通过单击按钮 ⊠ 即可退出折手模板。

图4-45 "另存为"对话框

2. 套版（整帖）折手作业

（1）作业设置

打开"新建"对话框，单击"折手作业"按钮，则弹出"作业设置"对话框，如图4-46所示。在该对话框中要设置折手作业总页数（即组版所用的小页面数）、起始帖号（书刊装订时书帖的编号）、装订方式以及出血等参数的设置。

提示：1. 作业页数一定是已设模板中小页的整数倍，否则系统将发出提示警告。

2. 如果装订方式是骑马订，还要根据纸张的克重设置爬移量，以保证书帖从内帖到外帖都能位置准确。

另外，有时还需要进行帖标设置，这一标识是在书帖最后一折缝线上的，是为了检验书册配页的质量而设置的小黑色块。打开帖标设置对话框，如图4-47所示。

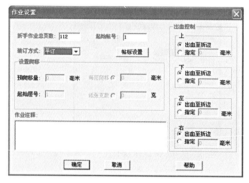
图4-46 作业设置对话框

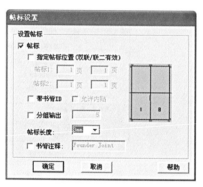
图4-47 "帖标设置"对话框

（2）选择模板

作业设置对话框中所有的选项都设置好后，按"确定"按钮进入"选择模板"对话框，如图4-48所示。

在"选择模板"对话框中单击"选择"按钮即弹出模板预览对话框，如图4-49所示。找到并选择《方正文合用户手册》拼版模板1"的模板，单击"打开"按钮，弹出"选择模板"，此时在模板名称处显示出用户所选模板的路径及书帖数，如图4-50所示。

图4-48 "选择模板"对话框

图4-49 "模板预览"对话框

图4-50 选择模板

单击"确定"按钮，进入折手作业界面，如图4-51所示。

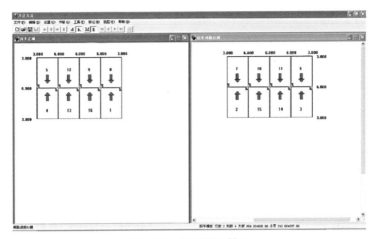

图4-51　折手作业界面

提示：折手作业界面与折手模板界面类似，但它在一般情况下不能改变小页的页序和方向，只能改变大版裁切口的数值。可以重新设置折手作业的各种标记，其更改方法与在折手模板处更改标记操作方法完全一样。如果对于折手作业参数设置及所选模板不满意，还可通过"设置"菜单中的"作业设置"和"选择模板"命令进行修改。

（3）选择源文件

选中主菜单的"设置/选择源文件"，打开"源文件列表"对话框，如图4-52（a）所示。在该对话框中选择"添加"，找到并添加源文件——"方正文合用户手册.ps"，如图4-52（b）所示。

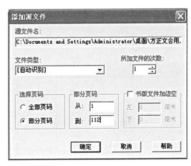

（a）源文件列表对话框　　　　　　（b）添加源文件对话框

图4-52　选择源文件

将文件添加到源文件列表中后，在选中源文件的同时单击"扫描文件"，以获取源文件信息。

提示：所选择的页码为部分页码（1~112页），因为《方正文合用户手册》共120个页码，前112面采用整套双面印刷，最后8面采用自翻版印刷。

（4）保存作业

当设置好作业后，即可通过"文件/存储作业"或"另存为"来保存作业，并将文件名保存为"折手作业1",如图4-53所示。

（5）输出PS文件

最后将文件以PS格式输出,以备发排。选择"文件/输出PS"命令或单击 图标,系统将弹出"输出PS"对话框,如图4-54所示。

图4-53 "另存为"对话框

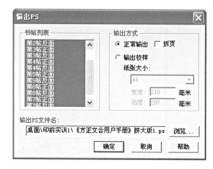
图4-54 "输出PS"对话框

在该对话框中,将要输出的页面选中,然后正常输出即可。如果拼的是对开版,但有时由于输出设备幅面的限制只能输出四开幅面时,应该选择"拆页"选项。

（二）方正文合自翻版拼版

1. 自翻版（小帖）模板制作

（1）新建折手模板

运行方正文合3.0折手软件,进入方正文合的操作界面,打开"新建"对话框,选中"折手模板"按钮,则弹出"模板设置"对话框。确定单面印刷、纵向、2行4列,最后完成设置如图4-55所示,设置完成后单击确定即可获得如图4-56所示的折手页面。

其中,布局采用2行4列;小页成品尺寸的宽度和高度分别为190mm、230mm。

大版尺寸的宽度 =4×（190+3+3）+15+15=814mm

大版尺寸的高度 =2×（230+3+3）+20+20=512mm

图4-55 模板设置对话框

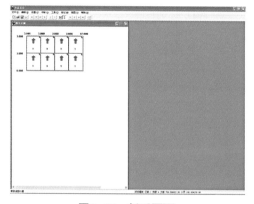
图4-56 折手页面

（2）页面编辑

图4-56所示为"折手页面"窗口,只有折手正面,而没有折手反面,因为自翻版印刷,纸张的正反面用的是同一块印版。

①修改小页方向：与套版设置方法一样，页设置成头对头。

②修改切口值：与套版设置方法一样，这里从略。

③修改小页页码：根据生产中所用的折页机的折页顺序，做一个折样，页码顺序只要从1到8即可。然后在图4-57所示的"折手正面"窗口中，按照折样上的页码输入相应的页码。修改完成后如图4-58所示。

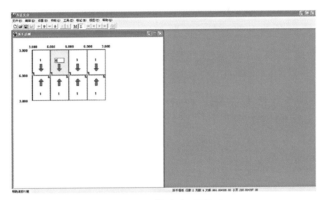

图4-57 修改小页页码

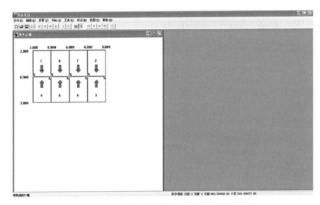

图4-58 页面编辑完成的折手页面

标记设置和保存、退出折手模板的设置与套版印刷的设置方法是相同的，这里就不再重复了。图4-59为加上注释和测试条后的页面视图。

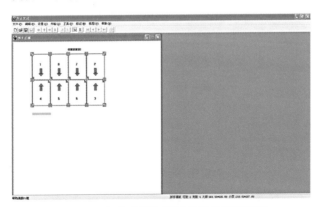

图4-59 加上注释和测试条后的页面视图

2. 自翻版折手作业

① 作业设置。如图4-60所示，"折手作业总页数"输入8，帖标设置对话框中要把"起始帖号"改为8（因为所选的续折手作业1，而折手作业1中已有7帖），其余选项和折手作业1相同。

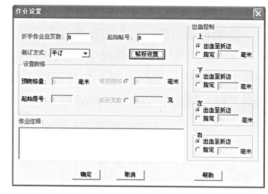

图4-60 作业设置对话框

② 选择模板。选择前面设置好的"《方正文合用户手册》拼版模板2"模板。

③ 选择源文件。方法同折手作业1，选择《方正文合用户手册》中的113~120面。

④ 保存作业。方法同折手作业1，"文件名"输入"折手作业2"。

⑤ 输出PS文件。方法同折手作业1，在"输出PS文件名"处输入"折手作业2"，单击"确定"按钮即可。

案 例 练 习

☆ 使用所提供的PS素材（DVD\练习\模块四\任务二\项目1），在方正文合3.0中进行拼大版。《某学习指南》共120面，成品尺寸为210mm×297mm，安排在对开机上印刷，叼口尺寸为32mm，叼牙叼纸尺寸为12mm，折页方式为垂直交叉折页，装订方式为骑马订。根据上述要求在方正文合3.0中制作拼版所需要的折手。

项目2 Preps 5.2的使用

《方正世纪RIP 4.0用户手册》产品说明书共80面，成品尺寸为190mm×230mm，安排在对开机上印刷，叼口尺寸为45mm，叼牙叼纸尺寸为12mm，折页方式为垂直交叉折页，装订方式为骑马订。根据上述要求在Preps 5.2中制作拼版所需要的折手。

Preps 5.2操作流程如图4-61所示。

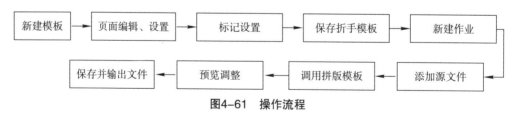

图4-61 操作流程

一、实训目的

掌握Preps 5.2的使用。

二、实训内容

1. 新建拼版模板。

2. 拼版页面编辑。

3. 拼版作业设置。

4. 调用拼版模板。

5. 输出 PS 文件。

三、实训过程

实例文件	DVD\实例效果文件\模块四\任务二\项目2\PDF源文件		
视频教程	DVD\视频\模块四\任务二\项目2\ Preps 5.2的使用		
视频长度	11分22秒	制作难度	★★★★★

1. Preps 5.2折手模板制作

（1）新建折手模板

运行 Preps 5.2折手软件，进入 Preps 5.2的操作界面，用鼠标选中"文件/新建模板"命令，系统弹出"新建模板"对话框，如图4-62所示。

首先输入模板名称，根据要求确定装订方式为骑马订，其他设置为默认。设置完成后单击"确定"按钮，系统自动弹出"添加帖"对话框，其设置如图4-63所示。

图4-62 "新建模板"对话框

图4-63 "添加帖"对话框

其中大版尺寸的宽度 $=4 \times （190+3）+15+15=802mm$，高度 $=2 \times （230+3+3）+20+20=512mm$。从印张边缘到打孔中心距离设为45mm（因为叼口尺寸为45mm），一般可以采用默认设置。

（2）页面编辑

按确定按钮进入"整帖"窗口，接下来需要进行创建拼版操作，单击菜单"模板/创建拼版"命令，弹出"创建拼版"对话框，其设置如图4-64所示。其中纸张边到拼版边缘的距离一般设定水平居中和垂直居中，但对本次作业来说，应该设置为水平居中和底部页面空白距离为12mm（因为此次作业要求叼牙叼纸尺寸为12mm）。

单击"确定"按钮，完成拼版的创建工作，如图4-65所示。

图4-64 "创建拼版"对话框

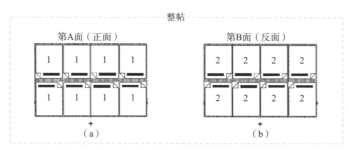

图4-65　完成创建拼版

提示：有些书刊有出血的页面，在排版时成品大小必须设置为毛尺寸。

（3）页面设置

① 安排页码。首先根据生产中所用的折页机的折页顺序，做一个折样，页码顺序从1到16即可。然后在如图4-65所示的"第A面（正面）"或"第B面（反面）"的窗口中，按照折样上的页码顺序使用编码工具在Preps 5.2台版（印张）上的相应位置点一下，这时编码工具会自动变成下一位置的页码，继续点下去就行了。如果想更改，双击编码工具就可更改了。如图4-66所示。

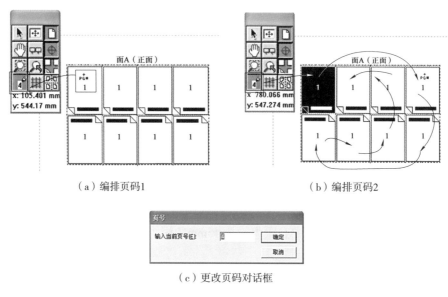

（a）编排页码1　　　　　　　　　　　（b）编排页码2

（c）更改页码对话框

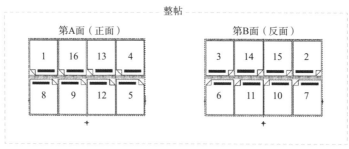

（d）完成页码编排

图4-66　页码编排

② 页面设置。使用"选择工具"设置边空，首先选中订口边空线（P1和P16之间），单击鼠标右键或选择"编辑/获取信息"调出对话框，如图4-67所示，按要求更改（因为此次作业采用骑马订，因此P1和P16之间，P4和P13之间的页间距设定为0；P13和P16之间，天头与天头之间因为需裁切，因此页间距设定为6mm）。

当设置好正面时，反面也会自动进行更改，调整后如图4-68所示。

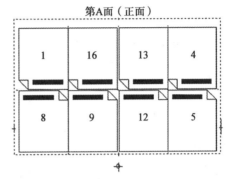

第A面（正面）

图4-67 "页间距宽度"对话框

图4-68 完成页面设置图

（4）标记设置

根据要求，通过单击"模板/添加静态标记"或"模板/添加Smart Mark"命令，可给模板选择性地添加重复标记、帖标、十字套准标记、裁切标记、折叠标记、文本标记等，如图4-69~图4-74所示。

图4-69 标记类型

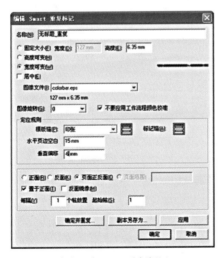

（a）Smart Mark重复标记

第A面（正面）

（b）重复标记完成示意图

图4-70 添加Smart重复标记

（a）"编辑帖标"对话框

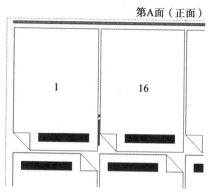

第A面（正面）

（b）添加帖标完成示意图

图4-71　添加帖标

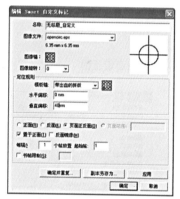

（a）自定义标记

（b）套准标记设定

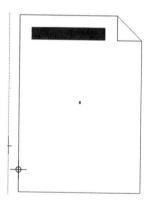

（c）套准标记设定完成图

图4-72　添加套准标记

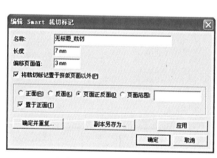

（a）裁切标记设定对话框

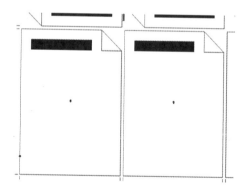

（b）裁切标记完成图

图4-73　添加裁切标记

（5）保存模板

完成以上的设置后，对模板进行保存。单击"文件/保存模板"命令，如图4-75所示，将模板命名为"Preps 5.2折手实例模板"并保存到Templates文件（必须放在Preps 5.2安装文件夹中Templates文件夹内，才能供Preps 5.2作业调用）。

（a）文本标记设定对话框

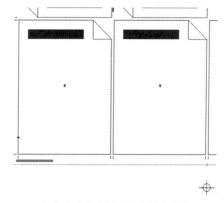

（b）完成文本标记的设定示意图

图4-74 添加文本标记设定

图4-75 "保存模板"对话框

2. Preps 5.2折手作业

（1）新建作业

进入Preps 5.2的操作界面后，单击"文件/新建作业/PDF→PDF"命令，弹出如图4-76所示的窗口，此操作视窗包括文件列表、运行列表和帖列表3个窗口。

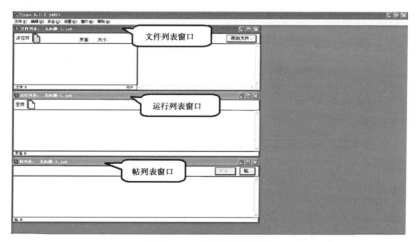

图4-76 新建作业界面

（2）添加源文件

在文件列表窗口中，单击"添加文件"按钮进行文件添加，如图4-77所示。选择源文件并勾选"添加所有页面至运行列表"，添加完成后，在文件列表窗口中将自动显示源文件的信息，例如文件名、该文件的页数和页面大小，文件列表窗口的右侧将出现一些图标，它们分别代表源文件的每个页面；运行列表窗口中也将自动显示源文件，如图4-78所示。

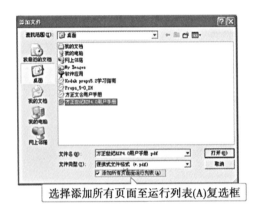

选择添加所有页面至运行列表(A)复选框

图4-77　"添加文件"对话框

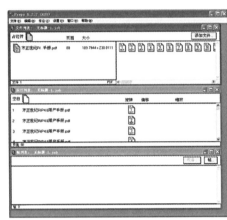

图4-78　显示页面信息

根据作业需要可以继续添加文件、添加占位符、添加空白页、修改运行列表页面等。

（3）调用拼版模板

单击"帖列表"中的"帖"按钮，弹出"帖选择"对话框，如图4-79所示，通过此对话框我们可以使用自动选择的方法添加帖，也可以使用手动选择的方法添加帖。完成添加帖的操作后单击"确定"按钮，在"帖列表"窗口中就会出现已经添加的帖，如图4-80所示。

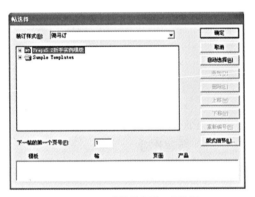

图4-79　"帖选择"对话框

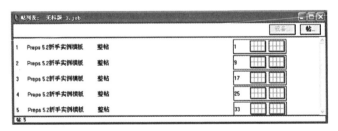

图4-80　完成添加帖操作效果图

（4）预览调整

完成上述设置之后，拼版作业基本完成，但根据要求需要对其进行调整和修改，尤其是要进行预览。方法很简单：a. 可以通过选择要预览的源文件、帖，单击鼠标右键，然后单击预览窗口的"预览"命令；b. 可以选择要预览的源文件、帖，单击"文件/预览"命令，然后单击预览窗口的"预览"命令，弹出如图4–81（预览源文件）和图4–82（预览帖列表中拼版后的页面）所示的文件预览。

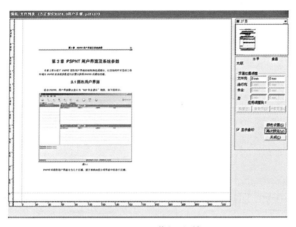

图4–81　预览源文件

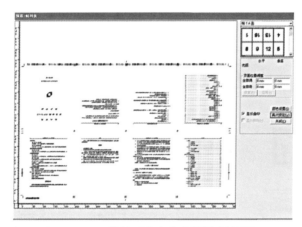

图4–82　预览帖列表中完成拼版后的页面

　　① 通过预览程序检查拼版，也可以查看所有颜色的合成图和单色图。

　　② 页面调整。在预览程序中，如果发现某些页面的位置需要调整，可以根据具体要求，对页面位置进行调整。

（5）保存

　　检查作业创建无误后就可以保存了。单击"文件／保存作业或作业另存为"命令，弹出如图4–83所示的对话框，输入作业的名称，选择保存位置后，单击"确定"按钮，完成作业的保存。

　　作业可存储在系统中的任意位置，所用的全部源文件将一起进行保存，而不是简单地将源文件嵌入作业中，所以保存后的作业可以在不同的操作系统中进行打开、编辑和使用。

图4–83　作业保存对话框

（6）打印输出

打印输出即打印作业，通过选择"文件/打印"命令输出PDF/PS文件，如图4-84所示。在"发送到"选项中选择"PDF文件/PS文件"，"设备"选项中选择"印刷纸张尺寸"，其他可为默认，单击"打印"则输出PDF/PS文件。图4-85所示为此PS文件经RIP解释后的预览图。

（a）"打印"命令

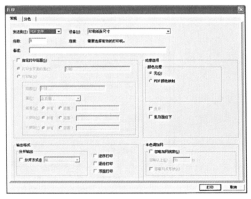

（b）"打印"对话框

图4-84　打印作业

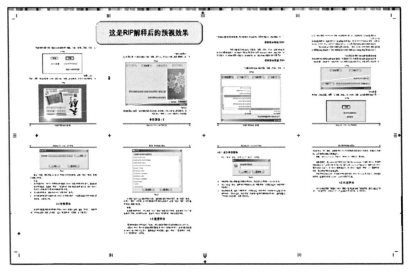

图4-85　打印作业后的预视效果

案 例 练 习

☆ 使用所提供的PDF素材（DVD\练习\模块四\任务二\项目2\某产品说明书），在柯达Preps 5.2中进行拼大版。某产品说明书共88面，成品尺寸是210mm×297mm，安排在对开机器上印刷，叼口尺寸为45mm，叼牙叼纸尺寸为12mm，折页方式为垂直交叉折页，装订方式为胶订，铣背厚度为3mm，印刷开料尺寸为630mm×880mm。

☆ 使用所提供的PDF素材（DVD\练习\模块四\任务二\项目2\某杂志），在柯达Preps 5.2中进行拼大版。某杂志的幅面为16开，内页和封面均为彩色印刷，制作封面和内页的大版文件并检查输出。杂志的幅面净尺寸为210mm×285mm，毛尺寸为216mm×291mm，三边出血3mm；印刷机的幅面为740mm×512mm；源文件尺寸为426mm×291mm，共86页；全张纸尺寸为889mm×1194mm。

任务三 晒版

实训指导

晒版机是用于制作印版的一种接触曝光成像设备，如图4-86所示，其类型较多，但其基本的组成结构大致相同，主要由机架、晒腔、抽气装置、光源构成。

图4-86 晒版机

一、晒版机的工作原理

晒版机的工作原理是利用压力（包括大气压力和机械压力），使胶片与感光版紧密贴合，并在特种光源下曝光，使得PS版上的感光膜发生化学反应，从而将原版上的图像精确地晒制在感光版上，如图4-87所示。

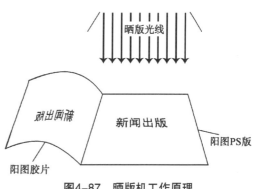

图4-87 晒版机工作原理

二、晒版机的主要技术指标

晒版机在印前设备中占有极其重要的地位，其性能的优劣直接影响到制版的质量，其中影响晒版质量的主要技术指标是抽真空质量和光源效果。

（1）抽真空效果

真空效果的好坏要看 PS 版与胶片之间是否密实，密实不好，就会出现虚网现象。在工作过程中，印版应保持与玻璃表面完全接触，要求晒版机的真空系统真空调节的最小范围应为 0~86.6kPa（0~650mmHg），关闭晒版机电源后 5min，晒版机的真空度不得降低 20kPa（150mmHg）。

（2）光源效果

一般 PS 版生产厂家都采用 355~420nm 的感光材料，这就要求光源系统的光谱峰值要保持在这一范围内。晒版机的光源均匀度，要求在 86% 以上，这样在印刷大面积色块时，才不会出现色差。同时还要求光源的稳定性好。

三、晒版质量标准

晒版质量是指晒版作业及印版适性的优劣程度，是对其综合效果的描述。晒版作业质量主要是指晒版过程中各因素的匹配与受控程度，表现为晒版的稳定性、再现性和再加工性。印版适性是指印版满足使用要求所必须具备的性能，包括印版上网点的还原性和网点质量、印版的稳定性和耐印力以及印版的外观特性等。

（1）晒版稳定性

生产中应保证晒版条件的相对稳定（如光源、显影液等），并能够达到多版之间的亮调、暗调区网点一致，中间调网点误差在 ±2% 的范围内。

（2）网点再现性

印版上应能够还原出原版上的网点，晒打样 PS 版做到 2% 小黑点出齐，2% 细点不损失，50% 的中间调到 98%~99% 深调的空心白点忠实还原，98% 小白点不糊死；晒印刷版应控制 3% 小点出齐，50% 部分晒浅 3%~5%，97% 小白点不糊死。

（3）网点质量

印版上的网点应饱满，无砂眼，边缘光洁，虚边宽度不大于 4μm。

（4）分辨率

印版应能再现出 6μm 宽的细线。

（5）耐印力

要求耐印力要高，未经烤版处理的 PS 版应达到 8 万印以上，平凹版达到 3 万印以上，蛋白版达到 1 万印以上。

（6）外观质量

印版版面干净、平整、无划痕、折痕；印版尺寸、叼口尺寸满足使用要求，图位端正，无晒斜现象；图文部分牢固、网点饱满结实、无晒虚现象，亲墨性能好，上墨快；空白部分无浮脏，砂目粗细适宜，亲水性能强；四色版、套晒版图文位置准确、套合准确（误差小于 0.1mm），符合折页要求。

实训项目

项目1 晒版前的准备工作

晒版前的准备工作直接关系到晒版作业能否正常地进行，关系到印版质量的优劣。为使晒版工作有秩序地进行，制作出满足要求的印版，需要在晒版前进行一些准备工作，其操作流程如图4-88所示。

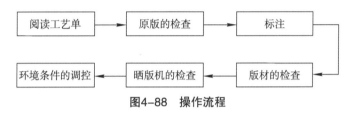

图4-88 操作流程

一、实训目的

了解晒版前的准备工作及注意问题。

二、实训内容

1. 原版的检查。

2. 版材的检查。

3. 晒版机的检查。

4. 晒版环境条件的调控。

三、实训过程

实例文件	无		
视频教程	DVD\视频\模块四\任务三\项目1\晒版前的准备工作		
视频长度	2分31秒	制作难度	★★★

1. 阅读工艺单

工艺单是印刷厂内部布置车间生产任务和规范工艺要求的书面文件，是车间安排生产和实施晒版作业的重要依据。晒版之前必须认真阅读工艺单，明确晒版作业的规范要求。

晒版工艺单的格式、种类较多，各单位都不统一，但大多都包含以下内容：①产品名称；②原版种类与数量；③印版种类与规格；④版面格式、装订方式及套晒方法；⑤晒版数量及完成日期；⑥晒版质量要求。

在接受晒版工艺单时，必须根据生产条件对工艺单所规定的技术参数和质量要求等内容进行确认，并以此为依据接收和检查原版质量，避免因原版问题而造成晒版故障和不必要的返工浪费。

2. 原版的检查

原版也称底版、底片，是由图像膜层与图像膜层的支持体两部分构成的片状透射图像物体，是晒版工序要进行复制的对象，一般来说要进行以下几个方面的检查。

① 将胶片放到看版台上。核对产品名称，每张胶片上右下角对应的产品编码，胶片张数，色数，保证无缺、重、移位现象。

② 保证胶片版面平整、干净、无折痕（如网点处有折痕胶片需更换）、划痕、残留胶带或脏物等。对于版面脏点或残留胶带可用酒精擦干净。非图文部分脏点也可用刀片刮去。如果胶片图文有磨损，在磨损允许的情况下用笔尖型号为0.1/0.3mm的黑色针笔进行修补。出现折痕、划痕依据情况处理。

③ 对原版的密度进行检查。原版上的实地密度要求在3.5~4.3之间，如果密度不足，则调子太短，网点容易发灰、发黄。如果密度太高，则容易造成糊版。片基空白部分最低密度小于0.1，以确保晒版无灰雾。

④ 确保规线齐全。包括色标、十字线（要保证每张胶片上都有）、角线等正常，没有的要手动标注。

⑤ 图文内容（网点、文字、线条）、检测标、叼口位置、方向确保正确。检查产品编号、成品尺寸、成品颜色、检测标距离、颜色等。

⑥ 测大版整体尺寸，查看翻刀位、切点确保存在，如果没有，及时反映重出胶片。

⑦ 保证多色版套印准确。检查套印具体做法：把图案最大的一张胶片作为标准，把它平放在桌上并用胶带固定好，注意粘胶带要远离图文7mm处，防止胶带残留影响后面的工序，然后把其余各色胶片十字线分别重叠在这张胶片上。查看套印情况。

⑧ 如套印不准，把不准的那张大版胶片用剪刀把单文件剪下来，手动在一张新胶片上按要求拼大版。然后用胶带粘好。如整套不准，重新出胶片。

⑨ 把标准样放到胶片下面核对版面样，包括文字准确、缺字漏字、颜色正确、网点厚实饱满、文件尺寸正确、文件套印精确等。

3. 胶片的标注

核对完成后，如无问题则要在胶片上做标注：

① 在胶片底部标注叼口、产品名称、版颜色、晒版日期等。

② 做标注最好用蓝色笔写，由于蓝色在晒版时不会晒到PS版上，如果是黑颜色笔要在十字线下标注。

4. 版材的检查

版材既是感光树脂层的支持体，又是印版图文的支持体，为了保证制版、印刷生产的正常进行与实现，PS版版材必须具备以下条件：

① 版基要清洁，薄厚要一致，砂目分布要均匀。

② PS版的晒版、显影性能要好，网点还原性好、耐印力高、不易上脏。

5. 晒版机的检查

晒版机是晒版的关键设备，在底版和版材都符合要求后，就要对晒版机的真空抽气系统、橡皮布、玻璃台进行仔细检查。

① 必要的清洁处理，如晒版机玻璃上若有灰尘等脏物存在，都会引起晒版浮脏或产生砂眼等现象。

② 检查晒版设备的工作状态，如采用小试条或专用仪器对晒版机的抽气状态、照度状态，显影机的运行状态、显影速度、显影温度以及显影液循环系统等进行检查与测试，并进行适当调节，使其处于最佳工作状态，最后测试出曝光和显影状态参数。

6. 环境条件的调控

晒版环境条件是指晒版时的温度、湿度和照明等因素，这些因素都会直接影响到晒版质量和稳定性，因此在晒版之前必须做到：

① 稳定环境温湿度，把温度控制在18~25℃范围之内，相对湿度控制在40%~60%之间，这对改善工作环境、提高工作效率和晒版质量都具有重要意义。

② 根据感光版的感光特性及人眼的视觉要求，选用对晒版过程无任何副作用的红色或黄色光源作为照明光源，并调节亮度在人眼正常视感舒适区100~500lx范围内，均匀度达到$E/E_{\min} \leqslant 3$。

案例练习

☆ 对给出的原版、印版进行检查，看是否符合晒版要求？

☆ 对给出的晒版机进行检查，看是否在最佳工作状态？

☆ 能指出晒版环境的不足，并提出整改意见。

项目2　晒版机操作

无论是激光照排机直接输出的整版胶片，还是经过拼贴后所形成的大版胶片，它们都不能直接装到印刷机上进行印刷，必须通过晒版将图文信息转移到印版上才能上机印刷。本项目就以江苏泰鑫印刷机械厂的SBY920B全自动晒版机为例，简单介绍晒版机的操作，其操作流程如图4-89所示。

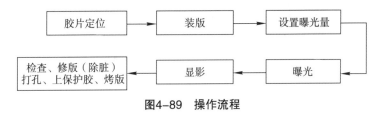

图4-89　操作流程

一、实训目的

熟悉PS版的晒版工艺，并能够熟练晒版。

二、实训内容

1. 胶片定位。

2. 装版。

3. 设置曝光量。

4. 显影。

三、实训过程

实例文件	无		
视频教程	DVD\视频\模块四\任务三\项目2\晒版机操作		
视频长度	11分07秒	制作难度	★ ★ ★ ★

1. 胶片定位

按工艺要求将胶片固定到PS版上，要求胶片药膜面朝下，PS版感光层向上，固定要求：设置正确的叼口位置，将胶片大版居中于PS版。用胶带将胶片固定在PS版上，粘贴位置要远离图文部分7mm处。准确定位的具体方法有三种：

① 手动定位，按工艺要求，用直尺在PS版上量出叼口大小，左右边缘大小，最后将其居中在PS版上。并用胶带固定。

② 挂钩定位，这种方法最普遍实用，具体做法，先将胶片与PS版统一进行打孔，根据孔位进行定位。

③ 方便快捷法，应用晒版尺，具体型号与版材同长，宽度设为叼口距离，尺中心刻度为零依次向两边延伸。定位时，将尺下边缘与PS版前端对齐，将胶片前端针位与尺叼口处重合，前端十字线与零刻度重合，用胶带将胶片粘好，取出晒版尺，准备晒版。

2. 装版

打开晒版机的晒框锁扣手柄。开启晒腔上的晒框，将其上面的玻璃擦拭干净，然后将固定好的PS版用手托入晒腔的橡皮垫上并居中放好，准备晒版，如图4-90所示。

图4-90 装版示意图

提示：1. 取拿版时要轻拿轻放，防划、防碰、防静电。

2. 平端时应将十指展开或两手提两边。

3. 抽真空

装好版后，闭合晒框，锁好手柄，拉好帘子。打开电源，在操作面板上通过"功能选择"键分别选中"真空1"和"真空2"，然后通过"数据设置"按键分别设置"真空1"和"真空2"的抽气时间，如图4-91所示。

在曝光过程中，当真空度得到总真空度一半左右时，真空度就停留在这一压力下，一段时间后，再升高压力，直至最大真空度，如图4-92所示。

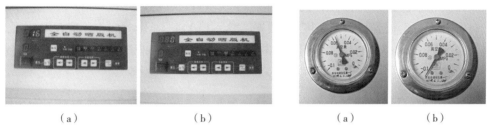

| （a） | （b） | | （a） | （b） |

图4-91 两次真空设置　　　　　　　图4-92 真空表

抽气的作用就是使晒版玻璃和橡皮布之间的气体被抽走，使原版和PS版能够紧密接触，防止因存在空气层而产生光的漫反射，晒虚线条和网点，从而保证原版图文高质量地复制到PS版上。抽气所达到的真空压力应不低于80kPa。目的是防止在晒版时胶片移位，另一方面是空气在里边会产生漫反射现象，影响晒版质量。抽气时间以30s为宜，不宜过长，防止气压过大将晒框上的玻璃损坏。

4. 曝光

在操作面板上通过"功能选择"按键和"数据设置"按键分别将"预曝光"时间设为0s、"补抽气"时间设为11s、"主曝光"时间设为100s、"辅曝光"时间设为15s，如图4-93所示。

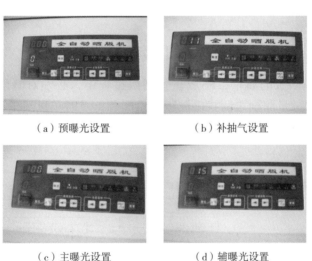

（a）预曝光设置　　　　　　　　（b）补抽气设置

（c）主曝光设置　　　　　　　　（d）辅曝光设置

图4-93 曝光设置

所有参数设置完成后，单击"启动"按钮。此时晒版机开始抽真空，而后光源打开，开始晒版。

提示：1. 主曝光为不加散射膜直接曝光，任何胶片都需要主曝光；辅曝光为加散射膜后再进行曝光，只有晒版原版上由两张以上胶片的拼贴时才需要二次曝光，目的是光学除脏。

2. 在曝光时一定要拉好帘子，因为晒版光源用的是紫外线，对人体有害。

5. 显影

曝光完成后，开启晒框锁扣手柄，打开晒框，取出曝光好的PS版，将版上的胶片取下，放置到原来位置并按要求保存好，然后将PS版进行显影。

打开显影机，设置显影液温度[一般在（23±2）℃]、显影时间（一般在40~60s，建议显影机车速为0.7~1.2m/min），并且严格按照PS版生产厂家推荐的显影液浓度配比来配制显影液。

提示：1. 有些规模较小的企业仍然会采用手工显影，在手工显影时，一定按照说明书的要求配制显影液，并且不断摇动印版或显影盆，还要掌握好显影温度和显影时间。

2. 使用机器显影前，要清洗各辊，防止显影液的结晶划伤印版，并且若牵引辊不干净，显影中容易产生脏点。显影液易氧化产生显影疲劳，因此要定期补充或更换显影液。定期维护显影机，保证显影稳定。

显影完成后，还要对PS版进行检查、修版（除脏）、打孔、上保护胶、烤版等。

案 例 练 习

☆ 使用晒版机进行晒版操作，将给出的胶片正确地定位在印版上，并设置合适的晒版参数，晒制成符合印刷要求的印版。

项目3　印版质量检查

为了确保胶印印版的质量，PS版在其制版过程中，必须对晒版后的印版进行认真检查，以便在大批量印刷之前找出制版质量问题，及时予以纠正，减少或避免一些常见故障的发生，从而提高生产效率和印刷产品质量。印版质量检查的操作流程如图4-94所示。

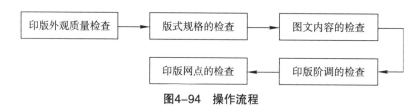

图4-94　操作流程

一、实训目的

掌握印版质量控制的方法。

二、实训内容

1. 印版外观质量检查。

2. 印版质量控制。

三、实训过程

实例文件	无		
视频教程	DVD\视频\模块四\任务三\项目3\印版质量检查		
视频长度	1分06秒	制作难度	★★★★

1. 印版外观质量的检查

印版的外观质量检查一般采用目测法，即采用视觉观察印版的外观性能状态，如图4-95所示。对印版的外观质量的基本要求是：版面平整、干净，无折痕及划痕，擦胶均匀，无脏物及墨点等。墨点可以用PS版修版液进行除脏处理，杂质、灰尘等污物可用清水清洗干净。此外，要及时涂擦阿拉伯树胶，防止印版空白部分氧化。

图4-95 印版外观质量检查

2. 版式规格检查

印版的版式规格检查可以依据晒版工艺单及印刷机规格所要求的版式规格对照检查，一般包括规格尺寸（包括版面尺寸和叼口尺寸）、图文位置、图文正反、套印规矩线等。版式规格的质量要求为：规格尺寸准确（一般要求误差小于0.3mm），能满足上机印刷要求；图文位置端正，无晒斜现象；套印规矩线、裁切线等色标齐全，且套色版之间的误差小于0.1mm。

3. 图文内容检查

图文内容检查的基本质量要求为：图文完整、正确，无残损字、无瞎眼字、无多字缺字现象；图片与文字内容对应一致，方向正确；多色版套晒时，色版齐全，无缺色或晒重现象。

4. 印版的阶调检查

检查印版阶调时，一般要借助密度计或10倍或更高倍率的放大镜对印版上的梯尺或控制条进行观察分析，如图4-96（a）所示。

如图4-96（b）中的网目调梯尺段，主要用来检查每一阶调（如10%，20%）在印版上的信息传递能力是否正常。在检查印版阶调时，用密度计测量网目调梯尺上每一色块各自的网点百分比，与旁边标注的网点大小对比。一般要求印版上的网点要比实际网点大小（即旁边标注的网点大小）小一点。如果测量值大于标注的网点大小，说明阶调过深；测量值远小于标注的网点大小，说明阶调过浅。

用10倍或更高倍率的放大镜观察如图4-96（c）所示的小网点控制段。该控制段主要用来检测高光和暗调区域的阶调再现。通常要求晒打样版时保证98%网点不糊，2%网点不丢失；在晒制印刷上机版时保证97%网点不糊，3%网点不丢失。否则说明印版的亮调或暗调丢失。

（a）用放大镜观察印版上的梯尺

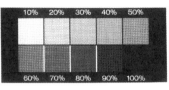
（b）网目调梯尺

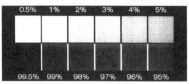
（c）小网点控制段

图4-96　印版阶调的检查

5. 印版的网点检查

印版的网点检查主要是指印版的网点质量检查和网点再现性检查，即指印版上网点的虚实饱满程度、边缘光洁程度和再现性。

检测时借助普通放大镜或高倍放大镜，依据晒版质量标准对印版上的网点质量进行定性和定量检测，如图4-97所示。满足印刷要求的印版网点质量应达到：网点饱满、完整，无空心、虚边窄；网点光洁、无残损、无划伤、毛刺少等。

网点的再现性从晒版测控条直接反应出来，可通过显微镜或放大镜直接观察晒版控制条，该方法比较直观方便。常用的有两种：一种是应用阴阳网点对来显示网点的变化量，如布鲁纳尔测试条上50%细网区中的阴阳网点对等，如图4-98所示，根据阴阳网点可以判断印版的曝光量，鉴别网点转移情况，尤其用来判断高调处极细小网点和暗调处极细小白点的还原情况。

图4-97　网点质量检查

图4-98　布鲁纳尔测试条的第五段

另一种是根据网点增大量与网点周长成正比的关系，利用粗细网对比方法指示网点增大程度，如GATF信号条上的号码段等，如图4-99所示。GATF印刷测控条网点增大控制部分是指图中数字"0"~"9"及其底衬构成的数字条。其底衬由65l/in的粗网点构成；数字部分"0"~"9"由200l/in的细网点构成，每个数字的网点面积覆盖率不同。这里"2"数字的网点面积覆盖率与底衬网点面积覆盖率相同，即"2"数字的密度与底衬密度相同。从"0"~"7"数字的网点面积覆盖率逐级递减3%~5%；"7"~"9"数字的网点面积覆盖率逐级递减5%。

图4-99　GATF信号条

在晒版过程中，网线越高，越容易受到微小变化因素的影响，即网点增大越大；相反，网线越低，对微小变化反应越小，即网点增大越小。相对而言，65l/in的粗网底衬，在晒版条件出现微小变化时，它几乎没有反应或反应很小，即认为网点不增大；而由200l/in组成的"0"～"9"数字构成的不同网点层次，对晒版中的微小变化反应很敏感，即一旦有微小变化，数字部分网点面积就很容易扩大或减少。这样可以根据数字变深或变浅来判断晒版过程中的网点增大情况。

案 例 练 习

☆ 能对所给的印版进行检查，并指出所给印版的问题所在。

思 考 题

1. 在什么情况下选择自翻版印刷或套版印刷？
2. 手工拼版要注意哪些问题？
3. 简述晒版机的基本工作原理。
4. 晒版过程中应注意哪些问题？
5. 简述印版的制作工艺流程。
6. 如何用控制条检测印版质量？
7. 比较手工拼大版与计算机拼大版的区别。
8. 印刷版面上应有哪些标记？
9. 对印版质量检查的内容及要求有哪些？

R eferences

参考文献

[1] 殷幼芳.实用电子分色制版技术.北京：印刷工业出版社，1993.

[2] 周玉松.印刷包装专业实训指导书.北京：中国轻工业出版社，2011.

[3] 郝清霞.数字印前技术.北京：印刷工业出版社，2007.

[4] 张小卫.计算机直接制版基础教程.北京：印刷工业出版社，2009.

[5] 诸应照、叶海精.拼版与晒版工艺.北京：印刷工业出版社，2008.

[6] 刘彩凤.设计与印刷案例宝典.北京：印刷工业出版社，2007.

[7] 郝景江.印前工艺.北京：印刷工业出版社，2007.

[8] 李文育.印前制作工艺及设备.北京：中国轻工业出版社，2008.

[9] 穆健.实用电脑印前技术.北京：人民邮电出版社，2008.

[10] 陈永常.分色及制版工艺原理.北京：化学工业出版社，2006.

[11] 张逸新.现代制版技术.北京：化学工业出版社，2004.

[12] 金杨.数字化印前处理原理与技术.北京：化学工业出版社，2006.

[13] 花晶.印前技术.合肥：合肥工业大学出版社，2009.

[14] 赵海生.数字化印前技术.北京：中国轻工业出版社，2008.

[15] 刘真、张建青、王晓红.数字印前原理与技术.北京：中国轻工业出版社，2011.